Polímeros e cerâmicas

Raquel Folmann Leonel

Editora intersaberes

O selo DIALÓGICA da Editora InterSaberes faz referência às publicações que privilegiam uma linguagem na qual o autor dialoga com o leitor por meio de recursos textuais e visuais, o que torna o conteúdo muito mais dinâmico. São livros que criam um ambiente de interação com o leitor – seu universo cultural, social e de elaboração de conhecimentos –, possibilitando um real processo de interlocução para que a comunicação se efetive.

EDITORA intersaberes

Rua Clara Vendramin, 58 | Mossunguê
CEP 81200-170 | Curitiba-PR | Brasil
Fone: (41) 2106-4170
www.intersaberes.com
editora@editoraintersaberes.com.br

Conselho editorial
- Dr. Ivo José Both (presidente)
- Dr.ª Elena Godoy
- Dr. Neri dos Santos
- Dr. Ulf Gregor Baranow

Editora-chefe
- Lindsay Azambuja

Dados Internacionais de Catalogação na Publicação (CIP)
(Câmara Brasileira do Livro, SP, Brasil)

Leonel, Raquel Folmann
    Polímeros e cerâmicas/Raquel Folmann Leonel.
Curitiba: InterSaberes, 2020. (Série Panorama da Química)

    Bibliografia.
    ISBN 978-65-5517-672-8

    1. Material cerâmico – Análise 2. Polímeros 3. Polímeros
(Materiais) I. Título. II. Série.

                                                    CDD-620.14
20-37225   -620.192

Índices para catálogo sistemático:

1. Cerâmicas: Materiais: Engenharia   620.14
2. Polímeros: Materiais: Engenharia   620.192

Cibele Maria Dias – Bibliotecária – CRB-8/9427

Gerente editorial
- Ariadne Nunes Wenger

Preparação de originais
- Fabrícia E. de Souza

Edição de texto
- Monique Francis Fagundes Gonçalves

Capa e projeto gráfico
- Luana Machado Amaro (*design*)
- bebeegallery/Shutterstock (imagem)

Diagramação
- Estúdio Nótua

Equipe de *design*
- Iná Trigo

Iconografia
- Sandra Lopis da Silveira
- Regina Claudia Cruz Prestes

ABDR EDITORA AFILIADA

1ª edição, 2020.

Foi feito o depósito legal.

Informamos que é de inteira responsabilidade da autora a emissão de conceitos.

Nenhuma parte desta publicação poderá ser reproduzida por qualquer meio ou forma sem a prévia autorização da Editora InterSaberes.

A violação dos direitos autorais é crime estabelecido na Lei n. 9.610/1998 e punido pelo art. 184 do Código Penal.

Sumário

Dedicatória 6
Apresentação 7
Como aproveitar ao máximo este livro 9

Capítulo 1
Princípios gerais dos polímeros 12
1.1 Conceitos gerais 15
1.2 Polimerização 18
1.3 Classificação 22
1.4 Organização molecular 33
1.5 Propriedades físicas e químicas 36
1.6 Biodegradação 43

Capítulo 2
Polímeros e temperatura para transformação 54
2.1 Transformação dos polímeros 55
2.2 Extrusão 63
2.3 Coextrusão 66
2.4 Moldagem por sopro 69
2.5 Extrusão de filmes 73
2.6 Extrusão de elastômero 76

Capítulo 3
Termoplásticos 89
3.1 Injeção 90
3.2 Moldes para injeção 96
3.3 Processo de injeção 101
3.4 Materiais utilizados 106
3.5 Reciclagem de termoplásticos 110

Capítulo 4
Termoformagem 126
4.1 Moldagem de termorrígidos 127
4.2 Formagem a vácuo 136
4.3 Formagem dos polímeros 141
4.4 Rotomoldagem 142

Capítulo 5
Matérias-primas cerâmicas 162
5.1 Tipos de matérias-primas cerâmicas 163
5.2 Propriedades dos materiais cerâmicos 172
5.3 Preparação de pastas 176
5.4 Modulagem cerâmica 179
5.5 Processos de secagem 186
5.6 Acabamentos dos materiais 187

Capítulo 6
Processos de queima e cerâmicas especiais 197
6.1 Fornos e combustíveis 198
6.2 Massas cerâmicas 204
6.3 Medição de temperatura 207
6.4 Vidros 210
6.5 Cerâmicas especiais e semicondutores 222

Considerações finais 245
Referências 246
Bibliografia comentada 252
Respostas 255
Sobre a autora 262

Dedicatória

Dedico este livro à minha família, em especial ao meu esposo Oberdan e ao meu filho Oberon. Que a nossa busca por conhecimento nos leve cada vez mais longe e que, sempre rodeado de livros, Oberon cresça com boas influências sobre o estudar.

Apresentação

Este livro convida você, leitor, a adentrar a área dos materiais e a compreender um pouco mais acerca do mundo que nos rodeia. Olharemos mais atentamente para os materiais poliméricos, também conhecidos como *plásticos*, e, em um segundo momento, para os materiais cerâmicos.

Para onde quer que se olhe, lá estão esses materiais. A cada ano, a tecnologia cria dispositivos eletrônicos menores, mais avançados, como os celulares de última geração e suas múltiplas funcionalidades. A tecnologia de materiais acompanha essa evolução, apresentando materiais com propriedades melhoradas e adaptados a cada exigência do mercado.

Os materiais poliméricos fazem parte da vida moderna e participam da fabricação de brinquedos para bebês, feitos em material maleável e atóxico, embalagens descartáveis ou duráveis para usar no dia a dia, inclusive as que podem ir ao forno de micro-ondas. Os plásticos de engenharia, com sua elevada resistência, vêm substituindo elementos metálicos em algumas aplicações automobilísticas. Os materiais poliméricos termoplásticos podem ser reciclados inúmeras vezes e são extremamente versáteis quanto ao seu processamento.

No Capítulo 1, conheceremos os principais polímeros, com uma noção geral das propriedades físicas e químicas dessa classe de materiais.

Nos capítulos seguintes – 2, 3 e 4 –, estudaremos os principais métodos de conformação, extrusão, injeção e termoformagem, assim como os equipamentos e as vantagens que cada um apresenta.

No Capítulo 5, conheceremos os materiais cerâmicos, as principais matérias-primas, suas combinações na formulação das pastas mais adequadas para cada tipo de processamento e os processos de acabamento e secagem. Os materiais cerâmicos são os mais antigos, sendo utilizados desde os primórdios da civilização, seja na confecção de abrigos com a utilização de barro, seja nos primeiros utensílios de barro queimado para armazenar e cozer alimentos. Atualmente, continuam a nos prover abrigo, com tijolos, azulejos e telhas. Muito mais que isso, as cerâmicas estão presentes nas cozinhas modernas e nos utensílios refratários, como em travessas pirex ou fogões de bancada.

Finalmente, no Capítulo 6, abordaremos os processos de queima, os fornos e os combustíveis utilizados industrialmente, assim como as transformações microestruturais que ocorrem durante esse processo. Em um último momento, veremos as cerâmicas avançadas, empregadas em dispositivos eletrônicos de última geração e seus componentes semicondutores, em aplicações biomédicas, em isolamento de aviões espaciais, em laboratórios, nas pesquisas sobre novos supercondutores.

Não pretendemos esgotar o assunto com relação a essas classes de materiais, pois são muitos e a cada dia surgem novos. Nossa intenção, neste momento, é fornecer subsídios para que você possa compreender a forma como esses materiais se ligam e como suas propriedades se desenvolvem.

Boa leitura!

Como aproveitar ao máximo este livro

Empregamos nesta obra recursos que visam enriquecer seu aprendizado, facilitar a compreensão dos conteúdos e tornar a leitura mais dinâmica. Conheça a seguir cada uma dessas ferramentas e saiba como elas estão distribuídas no decorrer deste livro para bem aproveitá-las.

Introdução do capítulo
Logo na abertura do capítulo, informamos os temas de estudo e os objetivos de aprendizagem que serão nele abrangidos, fazendo considerações preliminares sobre as temáticas em foco.

Síntese

Ao final de cada capítulo, relacionamos as principais informações nele abordadas a fim de que você avalie as conclusões a que chegou, confirmando-as ou redefinindo-as.

Atividades de autoavaliação

Apresentamos estas questões objetivas para que você verifique o grau de assimilação dos conceitos examinados, motivando-se a progredir em seus estudos.

Atividades de aprendizagem

Aqui apresentamos questões que aproximam conhecimentos teóricos e práticos a fim de que você analise criticamente determinado assunto.

Bibliografia comentada

Nesta seção, comentamos algumas obras de referência para o estudo dos temas examinados ao longo do livro.

Capítulo 1

Princípios gerais dos polímeros

Os polímeros naturais de origem biológica, como celulose, couro, seda e algodão, têm sido utilizados desde a Antiguidade por diferentes civilizações. A borracha extraída da seringueira foi levada para a Europa pelos descobridores espanhóis e portugueses no século XVI, mas apenas após o processo de vulcanização (descoberto por Charles Goodyear, em 1839) é que foram encontradas inúmeras aplicações para esse material.

Ainda no século XIX, alguns pesquisadores beneficiaram polímeros naturais, como a celulose e a caseína, obtendo a nitrocelulose e uma resina de caseína mais formaldeído. O primeiro polímero totalmente sintético de que se tem registro foi a baquelite, obtida, em 1912, da reação entre fenol e formaldeído, pelo químico belga Leo Baekeland. Um marco importante na história dos polímeros foi o trabalho de Wallace Carothers, químico estadunidense que trabalhava na DuPont, em 1929. Ele obteve, por meio de reações de condensação, poliésteres e poliamidas, os quais batizou de *nylon*.

Após a Segunda Guerra Mundial, houve grandes avanços na ciência dos polímeros, revolucionando a ciência desses materiais e os trazendo para nosso dia a dia. No Brasil, destaca-se o trabalho da professora Eloisa Biasoto Mano, que criou e liderou o Instituto de Macromoléculas que leva seu nome na Universidade Federal do Rio de Janeiro (UFRJ) (Canevarolo Jr., 2002).

A Figura 1.1 a seguir apresenta uma subdivisão dos polímeros de acordo com sua origem.

Figura 1.1 – Tipos de polímeros e suas origens

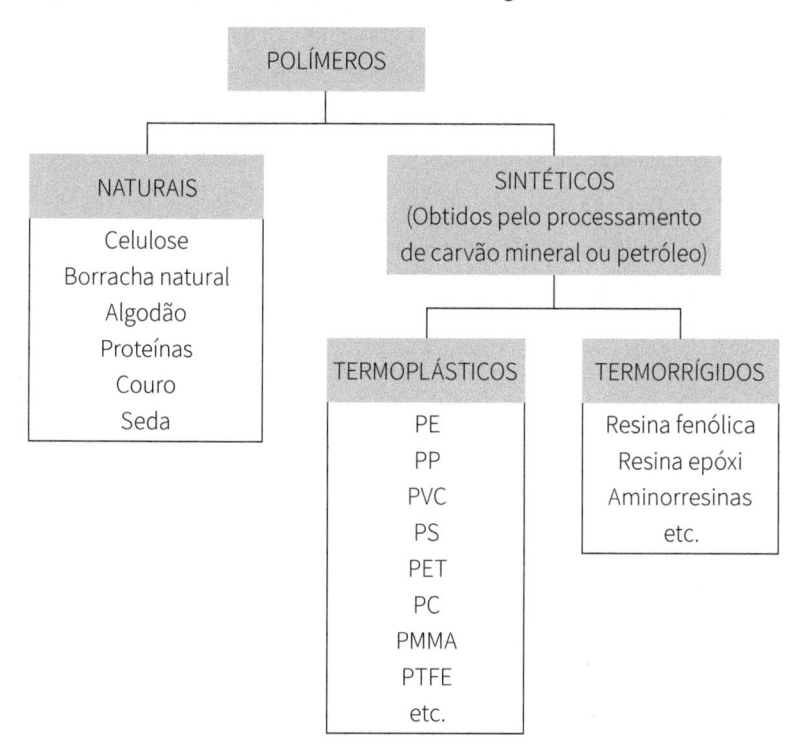

```
                    POLÍMEROS
        ┌───────────────┴───────────────┐
      NATURAIS                      SINTÉTICOS
                              (Obtidos pelo processamento
      Celulose                de carvão mineral ou petróleo)
   Borracha natural
      Algodão              ┌─────────────┴─────────────┐
      Proteínas
       Couro         TERMOPLÁSTICOS            TERMORRÍGIDOS
        Seda
                           PE                  Resina fenólica
                           PP                  Resina epóxi
                          PVC                  Aminorresinas
                           PS                       etc.
                          PET
                           PC
                          PMMA
                          PTFE
                          etc.
```

Neste capítulo, abordaremos os conceitos básicos dos polímeros, os tipos de polimerização, a classificação dos materiais poliméricos, assim como sua organização molecular e como isso afeta suas propriedades mecânicas. Trataremos também das propriedades físicas e químicas desses materiais e de sua relação com a estrutura molecular.

1.1 Conceitos gerais

Polímeros são macromoléculas formadas pela repetição de pequenas unidades, os meros, unidos por ligação covalente. Um monômero é uma molécula que contém a unidade de repetição para a formação de um polímero. Todo polímero é uma macromolécula (molécula de alta massa molar), mas nem toda macromolécula é um polímero, pois este é formado pela repetição de seu mero.

Tomamos como exemplo o polímero mais básico: polietileno (PE), representado na Figura 1.2. Seu monômero é o etileno (C_2H_4); e por um processo de crescimento de cadeia, obtemos o polietileno $(C_2H_4)_n$, em que *n* representa o grau de polimerização e varia conforme a disponibilidade de monômeros e a extensão da reação.

Figura 1.2 – Mero e polímero do polietileno

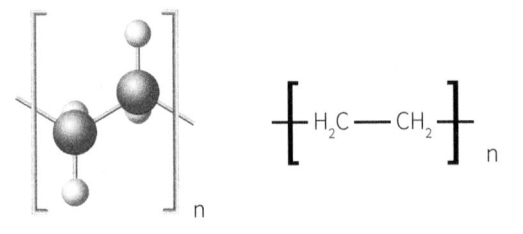

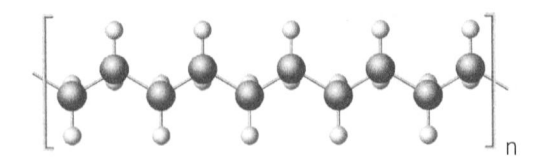

chromatos/Shutterstock

Para a maioria dos polímeros, *n* varia de 100 a 1 mil, mas, em geral, essa amplitude representa uma média, pois cada molécula pode apresentar um tamanho diferente, resultando em uma distribuição estatística de comprimentos moleculares diversos (Shackelford, 2008). A massa molecular (MM) do polímero resultante é o grau de polimerização vezes a massa molecular do monômero:

$$MM_{polímero} = n \cdot MM_{mero}$$

O consumo de materiais poliméricos está tão presente em nossa sociedade que é difícil imaginar o mundo sem esses materiais. Segundo relatório da Associação Brasileira da Indústria do Plástico (Abiplast, 2020), em 2018, o Brasil produziu 6,2 milhões de toneladas de produtos poliméricos nos mais variados setores. A Figura 1.3, a seguir, ilustra a variedade de produtos possíveis de serem fabricados com material plástico.

Figura 1.3 – Aplicações dos plásticos na vida moderna

PET
Politereftalato de etileno

PEBD
Polietileno de baixa densidade

PVC
Policloreto de vinila

PS
Poliestireno

Materiais feitos de plástico

PEAD
Polietileno de alta densidade

PP
Polipropileno

Outros

Kantri/Shutterstock

Os polímeros sintéticos são obtidos, na maioria das vezes, pela destilação fracionada e pelo craqueamento do petróleo, processo no qual se utiliza a fração de nafta, a qual, nas indústrias petroquímicas, é transformada nos monômeros de base (etileno, propileno e butadieno).

A destilação do carvão mineral produz fração gasosa, amônio, alcatrão e coque. Da fração gasosa, é possível obter-se etileno e metano – monômeros de base para a formação de polímeros. Das frações alcatrão e coque, também são extraídos benzeno e acetileno, matérias-primas para a produção de outros polímeros, como poliuretano e poliestireno (Canevarolo Jr., 2002).

Polímeros obtidos de fontes orgânicas, como milho e cana-de-açúcar, têm sido estudados como alternativa ao uso de combustíveis fósseis, porém ainda são fabricados em pequena escala (Brito et al., 2011).

1.2 Polimerização

As reações que dão origem aos polímeros são chamadas de *reações de polimerização*. Durante a síntese, podem ser ajustados alguns parâmetros, como temperatura, pressão, tempo, presença de iniciador, agitação, entre outros. Conforme a natureza do monômero e o tipo de reação, pode-se variar também o meio reacional em massa, em solução, em emulsão ou em suspensão. Além disso, segundo a cinética reacional, a polimerização pode ser de dois tipos principais: **poliadição** e **policondensação**.

Na **poliadição**, ou crescimento em cadeia, os monômeros têm sítios reativos – normalmente uma dupla ligação, que, ao ser quebrada, reage com outros monômeros sucessivamente, levando ao crescimento da cadeia. Não há formação de subprodutos, e os pesos moleculares dos polímeros resultantes podem ser bem altos, em torno de 10^5 a 10^6. Esse tipo de polimerização passa pela **iniciação** – para geração de sítios ativos –, normalmente na presença de radicais livres; pela **propagação** – crescimento da cadeia com transferência dos sítios ativos entre os monômeros –; e pela **terminação** – recombinação dos centros ativos e estabilização da cadeia.

Figura 1.4 – Reação de polimerização por adição para formação do polietileno

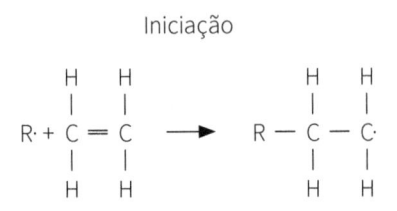

Iniciação

$$R\cdot + \underset{\underset{H}{|}}{\overset{\overset{H}{|}}{C}} = \underset{\underset{H}{|}}{\overset{\overset{H}{|}}{C}} \longrightarrow R - \underset{\underset{H}{|}}{\overset{\overset{H}{|}}{C}} - \underset{\underset{H}{|}}{\overset{\overset{H}{|}}{C}}\cdot$$

Propagação

$$R - \underset{H}{\overset{H}{C}} - \underset{H}{\overset{H}{C}}\cdot + \underset{H}{\overset{H}{C}} = \underset{H}{\overset{H}{C}} \longrightarrow R - \underset{H}{\overset{H}{C}} - \underset{H}{\overset{H}{C}} - \underset{H}{\overset{H}{C}} - \underset{H}{\overset{H}{C}}\cdot$$

Terminação

$$R - \underset{H}{\overset{H}{C}} - \underset{H}{\overset{H}{C}} - \underset{H}{\overset{H}{C}} - \underset{H}{\overset{H}{C}}\cdot \longrightarrow - \underset{H}{\overset{H}{C}} - \underset{H}{\overset{H}{C}} - \underset{H}{\overset{H}{C}} - \underset{H}{\overset{H}{C}} - \underset{H}{\overset{H}{C}} - \underset{H}{\overset{H}{C}} -$$

Se apenas um tipo de monômero é polimerizado, tem-se a formação de um homopolímero; se houver diferentes monômeros durante a polimerização, forma-se um copolímero, como vemos na Figura 1.5.

Figura 1.5 – Representação esquemática de copolímeros

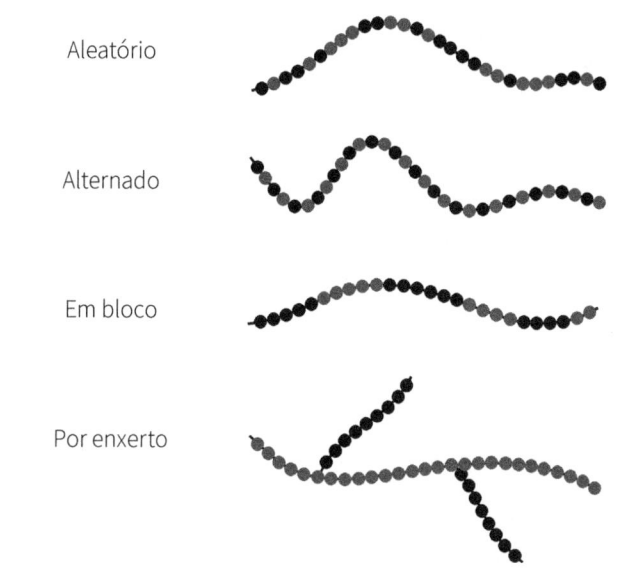

Aleatório

Alternado

Em bloco

Por enxerto

De acordo com a disposição dos meros, pode-se ter: aleatório, quando a distribuição é ao acaso; Alternado, quando os meros se alternam regularmente; Em bloco, quando os meros idênticos ficam aglomerados em blocos ao longo da cadeia; ou Por enxerto, quando ramificações laterais de determinado mero são enxertadas ao longo da cadeia de um homopolímero.

Um exemplo de copolímero aleatório é a borracha nitrílica (NBR, do inglês *nitrile rubber*), na qual meros de acrilonitrila e de butadieno se alternam na estrutura. Se diferentes polímeros são misturados sem que haja ligação química entre eles, forma-se uma blenda polimérica (Callister, 2000). Blenda é a mistura física de dois componentes, sem ligações primárias, apenas interações secundárias.

Na **policondensação**, ou crescimento em etapas, as reações ocorrem entre grupos funcionais, normalmente com a liberação de um subproduto de baixa massa molecular. Os pesos moleculares dos polímeros resultantes são da ordem de 10^4. Como os grupos funcionais são naturalmente reativos, não há necessidade de iniciadores, mas podem ser utilizados catalisadores para diminuir a energia de ativação e, assim, obter polímeros de maior massa molecular.

Figura 1.6 – Reação de polimerização em etapas para formação do poliéster

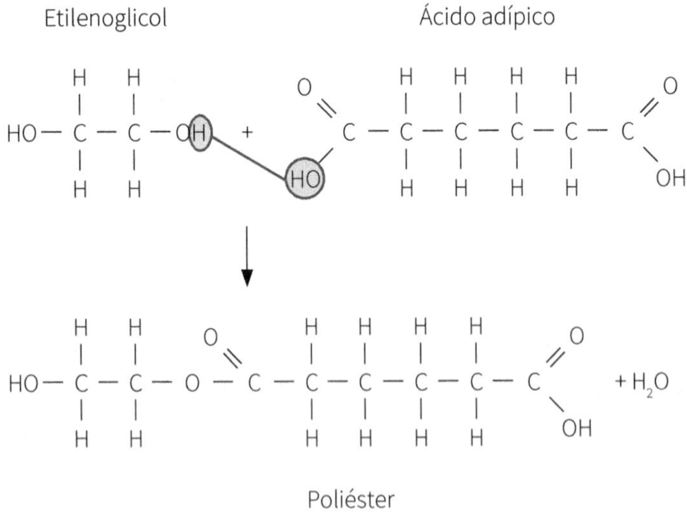

Outras possibilidades de reações de polimerização são: **modificação** de polímeros por meio de reações sobre polímeros já existentes, como as reações para obtenção do nitrato ou do acetato de celulose a partir da celulose, um polímero natural; polimerização com **abertura de anel**, em que um monômero na forma de anel se abre, gerando dois sítios reativos, para se ligar a outra cadeia linear de anel quebrado, como é o caso do *nylon* 6 a partir da polimerização da caprolactama (Mano, 1991; Canevarolo Jr., 2002).

1.3 Classificação

Existem diversas maneiras de classificar os polímeros. Uma das formas mais usuais é a classificação quanto ao seu comportamento térmico, segundo a qual têm-se polímeros **termorrígidos** ou **termoplásticos**.

Os polímeros **termorrígidos**, ou termofixos, mantêm sua estabilidade mecânica mesmo com a elevação da temperatura. Usualmente são moldados na forma de pré-polímeros e, com aquecimento, a polimerização ocorre no molde, no qual são formadas ligações cruzadas entre as cadeias. São materiais insolúveis, infusíveis e não recicláveis, apresentam dureza e resistência significativas por conta de sua estrutura em rede – inclusive podem, em alguns casos, substituir os metais. Alguns exemplos de materiais termofixos são as resinas fenólicas (como a baquelite), as aminorresinas (como a ureia-formaldeído), as resinas epóxi e os adesivos.

As aplicações da baquelite (resina de fenol-formaldeído), cuja estrutura química está ilustrada na Figura 1.7, a seguir, compreendem artigos decorativos, utensílios domésticos, componentes do sistema de transmissão automotivo, pastilhas de freio, laminados para revestimento de mesas, balcões, divisórias, portas, entre outros. A baquelite tem coloração acastanhada opaca, alta resistência mecânica e térmica, boa resistência química e estabilidade dimensional. A resina de ureia-formaldeído também pode ser moldada como laminados para móveis, além de ser utilizada como verniz e adesivo.

Figura 1.7 – Estrutura química e aplicações da baquelite

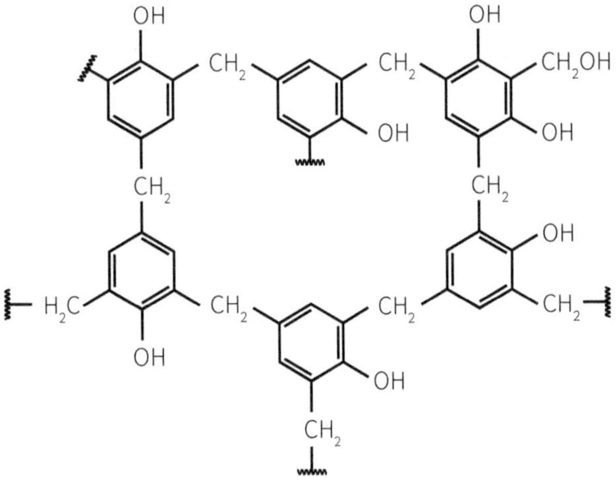

Nimisid, Gaia Conventi, Buncha Lim/Shutterstock

Já os polímeros **termoplásticos** amolecem e fluem sob efeito de temperatura e pressão, podendo ser moldados e reciclados diversas vezes. Quando retirada a solicitação, seja temperatura, seja pressão, resfriam-se e endurecem mantendo a forma do molde. A plasticidade em temperaturas elevadas deve-se à mobilidade das cadeias poliméricas, que deslizam umas sobre as outras, tornando seu processamento relativamente simples.

Os termoplásticos podem ser moldados por estiramento na forma de fibras – longos filamentos com relação comprimento-diâmetro de pelo menos 100:1. As fibras apresentam resistência à tração elevada na direção do estiramento e são bastante utilizadas na indústria têxtil, como a poliacrilonitrila (PAN) e alguns tipos de poliéster. Também são utilizadas na formação de materiais compósitos – ou material conjugado, formado por, pelo menos, duas fases (uma fase matriz e outra fase de reforço), geralmente na forma de fibras –, a exemplo das fibras de carbono e das fibras de poliamidas aromáticas em matriz de epóxi.

Em relação ao desempenho mecânico, tem-se a subdivisão dos termoplásticos em **convencionais**, **especiais**, **de engenharia** e **de engenharia especiais**.

Os termoplásticos convencionais respondem pela maior fatia de produção no mundo, cerca de 90%. São *commodities*, utilizados na produção de utensílios gerais encontrados em casa, como potes para guardar mantimentos, porta-trecos, brinquedos, lixeiras e vassouras. Esses polímeros têm, em geral, baixo custo, pequena exigência mecânica e são fáceis de produzir. Alguns exemplos são: polietileno (PE), polipropileno (PP), poliestireno (PS), policloreto de vinila (PVC), polietileno de alta densidade (PEAD), entre outros.

Figura 1.8 – Termoplásticos convencionais e suas aplicações

Politereftalato de etileno

PET

Polietileno de alta densidade

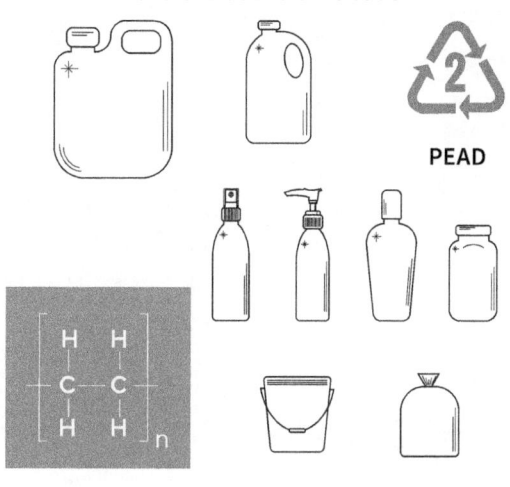

PEAD

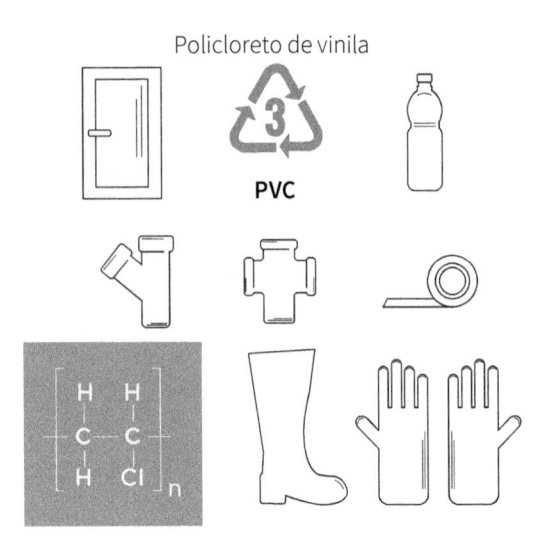

Figura 1.9 – Artigos feitos de polipropileno (PP)

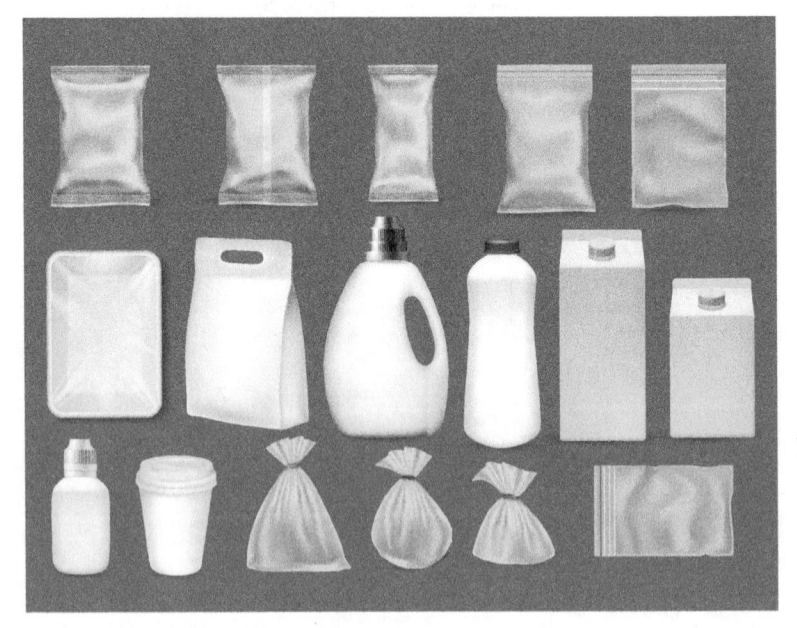

Já os termoplásticos especiais têm um custo mais elevado e algumas propriedades melhoradas, como é o caso do polimetacrilato de metila (PMMA), também conhecido como *vidro de acrílico*, e do estireno-acrilonitrila (SAN), dos quais espera-se alta transparência em seus produtos. O politetrafluor-etileno (PTFE), comumente conhecido como *teflon*, apresenta alta resistência térmica e química, motivo pelo qual é amplamente utilizado no revestimento de panelas (Canevarolo Jr., 2002).

Alguns termoplásticos dessa classe têm aplicações biomédicas, pela possibilidade de serem esterilizáveis e compatíveis com os fluidos corpóreos, como o PMMA, utilizado em lentes de contato, dentes postiços e cimento para fixação de pinos e próteses metálicas. O *teflon*, já citado, ainda pode ser utilizado na fabricação de membranas não absorvíveis na odontologia e na ortopedia, isolando certas áreas do corpo que passam por processo de regeneração (Adamian, 2008).

Figura 1.10 – Termoplásticos especiais e suas aplicações

ONYXprj/Shutterstock

Os termoplásticos de engenharia (TE) têm propriedades superiores, especialmente resistência mecânica (rigidez), tenacidade e estabilidade dimensional. Podem substituir os materiais tradicionais em algumas aplicações, pois são mais leves quando comparados com cerâmicas e metais; são mais fáceis de fabricar e processar; dispensam tratamentos anticorrosivos; têm alta resistência ao impacto; apresentam bom isolamento elétrico; e seu custo energético de fabricação e transformação é menor, assim como o custo de acabamento.

São muitas vezes empregados em dispositivos mecânicos na indústria automobilística (engrenagens), em peças para a indústria eletroeletrônica, na medicina (implantes e ossos artificiais), entre outros. Seu ordenamento interno e cristalinidade reforça a resistência mecânica e a resistência química tanto em relação a solventes quanto à oxidação e às intempéries. Alguns exemplos são o polietileno de altíssimo peso molecular (UHMWPE), as poliamidas (*nylon* em geral), os poliésteres termoplásticos polietileno tereftalato e polibutileno tereftalato (PET e PBT), o policarbonato (PC), o polioximetileno (POM), o polioxifenileno (PPO), entre outros.

Figura 1.11 – Termoplásticos de engenharia e suas aplicações

No caso dos termoplásticos de engenharia especiais, a resistência a altas temperaturas é o diferencial. Nessa classe, encontram-se polímeros com grande quantidade de anéis aromáticos na cadeia principal, o que confere estabilidade para uso ininterrupto em temperaturas acima de 150 °C. É o caso das poli-imidas, dos polímeros com enxofre (polissulfonas, polissulfeto de fenileno), de alguns poliuretanos, do poliéter-éter-cetona (PEEK) e dos polímeros de cristal líquido polimérico.

A ligação carbono-carbono (C-C) em anéis aromáticos precisa de mais energia para sua ruptura (520 kJ/mol), se comparada com a ligação C-C em cadeias alifáticas (335 kJ/mol), o que ajuda a explicar as propriedades superiores dos termoplásticos de engenharia especiais. Outras características importantes são a manutenção das propriedades mecânicas em temperaturas elevadas; a boa resistência às intempéries, à oxidação, a solventes e a reagentes; o autorretardamento da chama; a pouca fumaça quando exposto ao fogo; a boa estabilidade dimensional; a resistência às radiações eletromagnéticas; a resistência à abrasão e o baixo coeficiente de expansão térmica.

Figura 1.12 – Estruturas químicas de polímeros selecionados

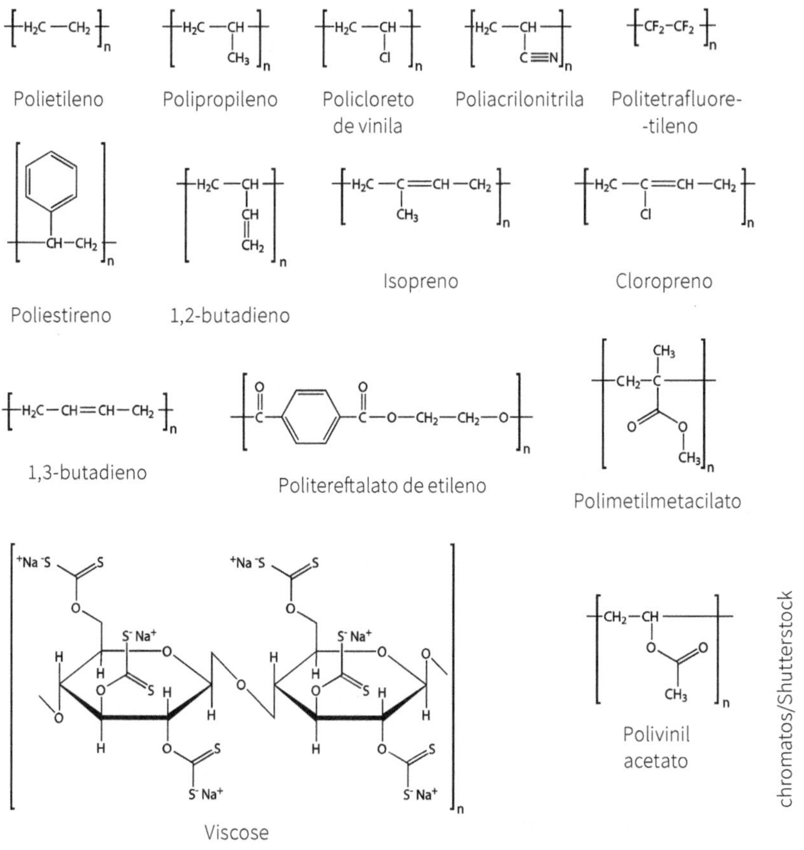

Polietileno   Polipropileno   Policloreto de vinila   Poliacrilonitrila   Politetrafluoretileno

Poliestireno   1,2-butadieno   Isopreno   Cloropreno

1,3-butadieno   Politereftalato de etileno   Polimetilmetacilato

Viscose   Polivinil acetato

chromatos/Shutterstock

Outra classe importante de polímeros é a dos **elastômeros** ou borrachas, materiais característicos pela elevada capacidade de deformação quando tensionados e pelo fato de que, retirada a tensão, retornam ao seu comprimento inicial. Alguns exemplos são: isopreno ou borracha natural (BN), silicone, copolímero de estireno-butadieno (SBR), copolímero de acrilonitrila--butadieno (NBR), cloropreno (CR), entre outros. Esses materiais apresentam cadeias flexíveis amarradas entre si com baixa densidade de ligações cruzadas, o que permite elevada deformação sem perda da resistência mecânica (Canevarolo Jr., 2002; Mano, 1991).

1.4 Organização molecular

A forma como se apresentam as cadeias poliméricas define sua organização molecular e afeta diretamente suas propriedades mecânicas. Assim, existem **cadeias lineares** (com uma cadeia principal) ou **cadeias ramificadas** (com prolongamentos da cadeia principal). Nas cadeias ramificadas, os prolongamentos podem ser do mesmo tipo de mero da cadeia principal (homopolímero) ou de meros diferentes (copolímero).

A posição das ramificações em relação à cadeia principal é chamada de *taticidade* e pode ser regular ou isotática (quando todos os grupos laterais estão em um mesmo lado), Sindiotática (quando os grupos laterais se alternam entre lados opostos da cadeia principal) ou atática (quando o posicionamento dos grupos laterais é aleatório). Essas possibilidades de configuração das ramificações estão ilustradas na Figura 1.13, a seguir.

Figura 1.13 – Taticidade de polímeros

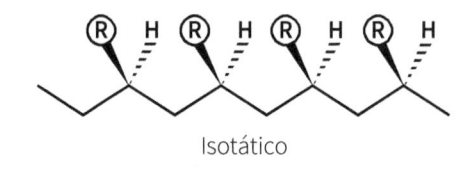

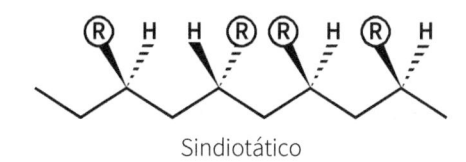

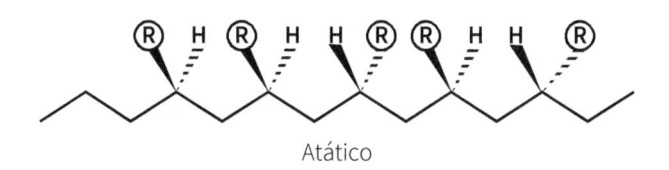

Isotático

Sindiotático

Atático

Nas cadeias lineares, têm-se ligações covalentes ao longo da cadeia principal, e entre as cadeias existem apenas ligações secundárias (ligações de Van der Waals), mais fracas, permitindo que as cadeias deslizem umas sobre as outras. Nas cadeias ramificadas, a presença dos grupos laterais aumenta a complexidade da estrutura, atuando como barreira ao deslizamento molecular, assim elevam-se a rigidez e o ponto de fusão do polímero.

Figura 1.14 – Interações entre cadeias poliméricas

Estrutura linear

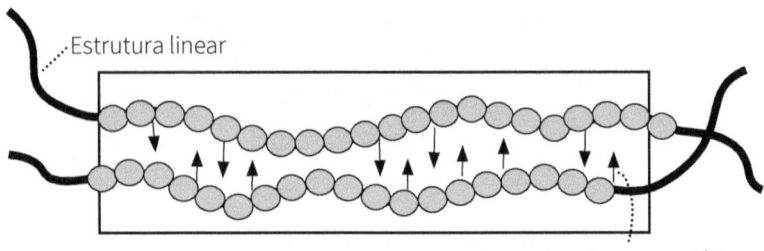

Ligações secundárias

Quando há cadeias poliméricas ligadas entre si por ligações primárias fortes, tem-se uma cadeia com ligações cruzadas. Quando a densidade das ligações cruzadas é pequena, ocorre certa liberdade de movimento entre as cadeias, como é o caso da borracha vulcanizada. Para uma alta densidade de ligações cruzadas, não há mobilidade entre as cadeias e é comum a formação de uma estrutura em rede, como os termorrígidos.

Diferentemente do empilhamento de átomos e íons no caso do arranjo cristalino de metais e cerâmicas, em polímeros o empacotamento é molecular. A complexidade das estruturas poliméricas torna praticamente impossível encontrar um composto totalmente cristalino. O grau de cristalinidade das cadeias poliméricas diminui com o aumento da complexidade estrutural. Desse modo, polímeros ramificados são mais difíceis de cristalizar pelo impedimento estérico que os grupos laterais apresentam; já polímeros lineares cristalizam mais facilmente.

É normal a coexistência de regiões amorfas e regiões cristalinas em um mesmo polímero. Pode-se ter um polietileno linear com 90% de cristalinidade, ao passo que um polietileno ramificado tem 40% de cristalinidade nas mesmas condições de processamento. Em um polipropileno isotático, pode-se ter 90% de cristalinidade, e um polipropileno atático é quase todo amorfo. Durante o processamento, a cristalinidade pode ser favorecida ao se aplicar forças trativas de estiramento; esse método é utilizado na fabricação de fibras têxteis e conduz a um maior alinhamento das cadeias (Shackelford, 2008; Canevarolo Jr., 2002). A cristalização será vista com mais detalhes no Capítulo 2.

1.5 Propriedades físicas e químicas

A respeito das propriedades dos polímeros, Canevarolo Jr. (2002, p. 91) afirma que

> A maioria das propriedades físicas, mecânicas e termodinâmicas dos polímeros depende do grau de cristalinidade e da morfologia das regiões cristalinas. Quanto maior a cristalinidade, mais elevadas são as propriedades de densidade, rigidez, estabilidade dimensional, resistência química, resistência à abrasão, temperatura de fusão (Tm), temperatura de transição vítrea (Tg), temperatura de utilização etc. Por outro lado, reduzem-se as propriedades de resistência ao impacto, elongação na ruptura, claridade ótica etc.

Em geral, os materiais poliméricos têm densidade que varia entre 0,9 e 1,5 g/cm³. As regiões cristalinas têm melhor empacotamento que as regiões amorfas, e a presença de halogênios pode elevar a densidade, como é o caso do *teflon*, que tem densidade de 2,3 g/cm³.

Alguns polímeros podem ser processados de modo a ficarem transparentes. Normalmente, quanto maior a desordem e a amorficidade molecular, maior a transparência. A presença de regiões cristalinas deixa o material semitransparente ou opaco, pois os cristalitos atuam no espalhamento da luz. Polímeros muito cristalinos tornam-se translúcidos, semitransparentes ou opacos (Mano, 1991).

1.5.1 Propriedades mecânicas

As propriedades mecânicas dos materiais são obtidas, em grande parte, a partir do ensaio tensão-deformação. Nos polímeros, três tipos de comportamentos podem ser encontrados: comportamento frágil, com pequena deformação elástica e alto valor de módulo de Young (coeficiente angular na porção linear do gráfico a seguir); comportamento plástico, com deformação elástica seguida de escoamento e deformação plástica; comportamento puramente elástico, mesmo a baixos níveis de tensão, típico dos elastômeros.

Gráfico 1.1 – Curva de tensão-deformação para três tipos de materiais poliméricos

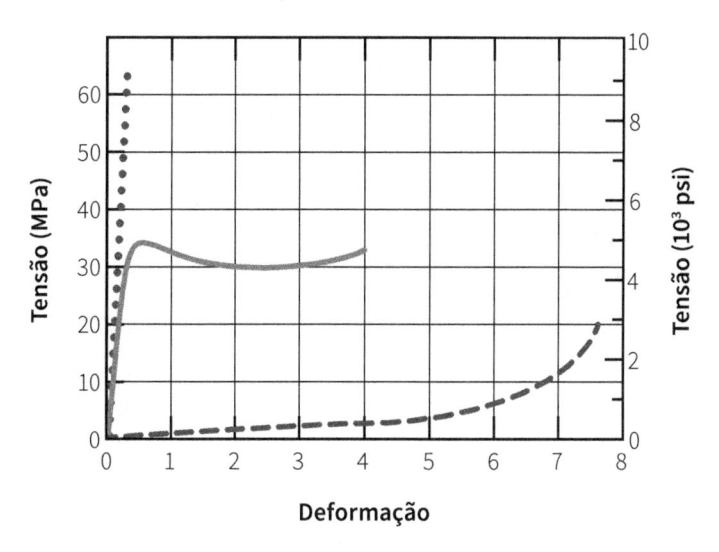

[Gráfico: eixo Y esquerdo "Tensão (MPa)" de 0 a 60; eixo Y direito "Tensão (10^3 psi)" de 0 a 10; eixo X "Deformação" de 0 a 8]

- • • •   Comportamento frágil
- ——— Comportamento plástico
- — —   Comportamento puramente elástico (elastômero)

A resposta dos materiais poliméricos é bem sensível a alguns parâmetros do ensaio, como taxa de deformação, temperatura e umidade (principalmente para o *nylon*). Quando se diminuem as taxas de deformação, há um aumento do módulo de Young em razão do alinhamento molecular induzido pelo tracionamento, que aproxima as cadeias e aumenta as forças de atração intermoleculares (Akcelrud, 2007).

A resistência à tração ou tenacidade corresponde ao nível de tensão aplicada no momento da fratura. É maior para polímeros com anéis aromáticos, pois oferece maior dificuldade à destruição da ordenação macromolecular (Mano, 1991).

Já o comportamento dos polímeros no alongamento é um misto do componente viscoso, como os líquidos, e do componente elástico, como os sólidos *hookeanos*, resultando em um comportamento viscoelástico, comum entre os plásticos e as fibras. A fração elástica da deformação vem das variações do ângulo e da distância de ligação entre os átomos da cadeia, e a fração plástica vem do atrito e do escoamento entre as moléculas poliméricas. Desse modo, os polímeros levam certo tempo para responder às solicitações, gerando uma defasagem entre estas e a resposta (Canevarolo Jr., 2002).

O comportamento dos elastômeros, classe de polímeros com elevada deformação, assemelha-se muito ao da borracha natural. Eles podem ser deformados em até 1.000% e retornar ao comprimento original ao cessar a solicitação. Em geral, um elastômero é amorfo, sendo formado por cadeias altamente torcidas, dobradas e espiraladas. A aplicação de uma tensão de estiramento faz as cadeias se desenrolarem, desdobrarem-se e retificarem-se parcialmente, resultando em um alongamento na direção da tensão. Removida a tensão, as cadeias se enrolam novamente e a peça retorna a sua forma original (Callister, 2000).

1.5.2 Propriedades térmicas

Nos polímeros, a resistência ao calor, ou **estabilidade térmica**, pode se referir à temperatura na qual se inicia alguma modificação química, como cisão de cadeias, oxidação ou reticulação. Ainda pode corresponder ao tempo que o material pode permanecer em determinada temperatura mantendo suas propriedades. De qualquer maneira, a estabilidade térmica está relacionada à flexibilidade das cadeias: à medida que a temperatura aumenta, cresce a vibração molecular. Em algum ponto, essa vibração pode adquirir amplitude para romper as ligações interatômicas e iniciar a degradação térmica.

O desenvolvimento de polímeros termorresistentes busca combinar grupamentos que tenham menor liberdade de vibração, como anéis aromáticos e heterocíclicos (que contenham oxigênio, nitrogênio ou enxofre), de forma a aumentar a força de ligação na cadeia principal e garantir maior estabilidade térmica. Um exemplo é a polissulfona (PSU), que tem temperatura de transição vítrea da ordem de 180 °C (Sastri, 2010) e estrutura molecular apresentada na Figura 1.15, a seguir.

Figura 1.15 – Estrutura molecular da polissulfona

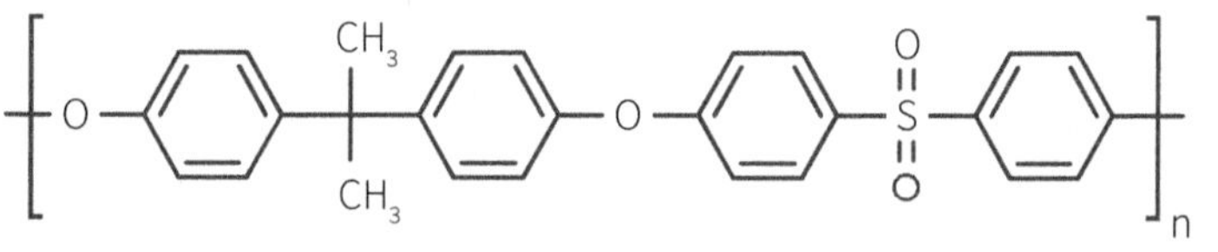

Polissulfona

StudioMolekuul/Shutterstock

Outros exemplos de polímeros termoestáveis por conta de seus grupamentos volumosos são o poliéster aromático, a polibenzamida, o polibenzimidazol e o poli(p-fenileno) (Akcelrud, 2007). Os fluorcarbonos também são bastante resistentes ao calor por conta da ligação carbono-flúor (C-F), que tem energia de ligação superior (em torno de 488 kJ/mol).

1.5.3 Propriedades químicas

Quando um objeto de plástico fica muito tempo exposto ao sol, ele se torna extremamente frágil e quebradiço. Isso ocorre porque a radiação ultravioleta presente nos raios solares quebra ligações químicas no polímero, o que, aos poucos, vai diminuindo sua integridade mecânica. O calor e a presença de ozônio podem gerar radicais livres, que também causam ruptura nas ligações covalentes. A resistência dos materiais poliméricos frente às interações ambientais é uma medida de sua resistência química e é maior nas moléculas saturadas e que não contenham carbono terciário. Os polímeros clorados são menos resistentes ao calor, por conta da fraca energia de ligação carbono-cloro (C-Cl, em torno de 330 kJ/mol). O PVC, quando exposto ao calor, pode liberar cloro e ter alterada sua cor.

A exposição dos polímeros à água e a solventes também pode iniciar reações de degradação e consequente diminuição das propriedades mecânicas. De acordo com a afinidade do polímero com o solvente, podem ocorrer reações de inchamento e posterior dissolução do polímero. Um exemplo é a absorção da gasolina por borrachas, ambas compostas por hidrocarbonetos.

A presença de grupamentos que tenham interações de hidrogênio com a água favorece o inchamento, como é o caso do *nylon* e da celulose, alterando a dimensão das peças e reduzindo dureza e rigidez. Em geral, a resistência à absorção de solventes é tanto maior quanto maior o peso molecular, a cristalinidade, a presença de ligações cruzadas e a diminuição da temperatura.

A **inflamabilidade** costuma ser uma desvantagem dos polímeros orgânicos. Conforme sua natureza química, o processo de decomposição térmica pode ser mais ou menos lento. Os termorrígidos, como as resinas fenólicas, são mais resistentes à combustão, por isso são utilizados em peças de material elétrico. Quando há presença de anéis aromáticos, ocorre um autorretardamento da combustão, sem manutenção da chama e pouca liberação de fumaça. Quando há grupos éster, acontece desprendimento de gás carbônico (CO_2), o que contribui para o autorretardamento da chama (Mano, 1991; Callister, 2000).

1.5.4 Propriedades elétricas

Em geral, os polímeros são maus condutores elétricos por conta do pequeno número de elétrons livres que possuem, podendo inclusive ser utilizados como isolantes elétricos. Porém, existem exceções, e nas últimas décadas têm crescido as pesquisas no campo dos polímeros condutores. Poliacetileno, poliparafenileno, polipirrole, polianilina, entre outros, quando dopados com determinadas impurezas, exibem comportamento condutor. O mecanismo de condução não é bem compreendido, mas presume-se que os átomos dopantes formam novas bandas de energia que se superpõem às bandas de valência e de condução do polímero, originando uma banda parcialmente preenchida com elétrons livres e buracos à temperatura ambiente.

Por conta de sua baixa densidade, da flexibilidade e da facilidade de processamento, esses polímeros encontram aplicação como eletrodos em baterias recarregáveis, fiações e outros componentes de aeronaves, como revestimento antiestático para vestimentas e como dispositivos eletrônicos em transistores e diodos (Callister, 2000).

1.6 Biodegradação

A degradação consiste na alteração das propriedades do material que inviabiliza o uso ao qual ele foi destinado. Pode ocorrer pela perda das propriedades mecânicas e por alterações visuais de cor e de textura. A exposição às intempéries é o principal fator da degradação dos materiais plásticos. Logo, é causada pela ação combinada da radiação solar, pela variação de temperatura e pela presença de umidade e de componentes atmosféricos (como oxigênio, ozônio, óxido nitroso e hidrocarbonetos), que afetam a velocidade da decomposição dos materiais plásticos.

Já a biodegradação pode ocorrer por meio da ação de microrganismos – bactérias, fungos e algas – que colonizam a superfície do material e formam um biofilme, causando alterações estruturais e/ou morfológicas no polímero. Em outras palavras, os hidrocarbonetos farão parte do metabolismo desses microrganismos. Algumas características do polímero podem contribuir para que a biodegradação ocorra em um espaço de tempo mais curto, como a presença de ligações oxidáveis ou hidrolisáveis na forma de grupos funcionais, de cadeias com certa liberdade conformacional e de hidrofilicidade (Franchetti; Marconato, 2006).

Diversas pesquisas têm sido feitas para fabricar polímeros com estruturas mais próxima de moléculas naturais, como os polissacarídeos celulose e amido e os carboidratos mais complexos, como quitosanas, quitinas e xantanas, que apresentam unidades de glicose ligadas em anel com grupos acetal (aldeído e álcool). As xantanas, por exemplo, são biodegradadas por fungos e bactérias, que secretam enzimas capazes de catalisar reações de oxidação, com gás carbônico e água como produtos finais.

Em uma parceria entre o Instituto de Pesquisas Tecnológicas (IPT), a Copersucar e a Universidade de São Paulo (USP), foi desenvolvida uma família de polímeros biodegradáveis, os poli(hidroxialcanoatos), PHAs, sintetizados por bactérias em biorreatores a partir da sacarose, entre os quais está o poli(hidroxibutirato), PHB, com propriedades físicas e mecânicas semelhantes ao PP. Tais elementos são classificados como biopolímeros, pois foram sintetizados por organismos vivos.

Figura 1.16 – Estrutura química de biopolímeros obtidos por síntese microbiana

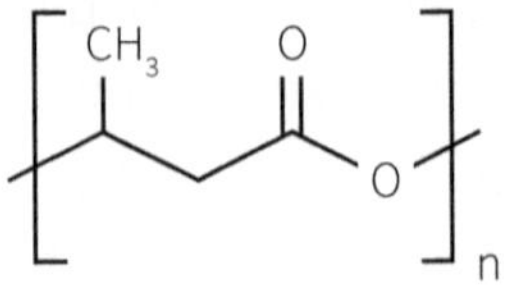

Poli(hidroxibutirato)

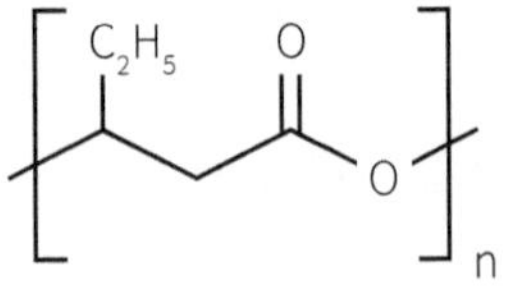

Poli(hidroxivalerato)

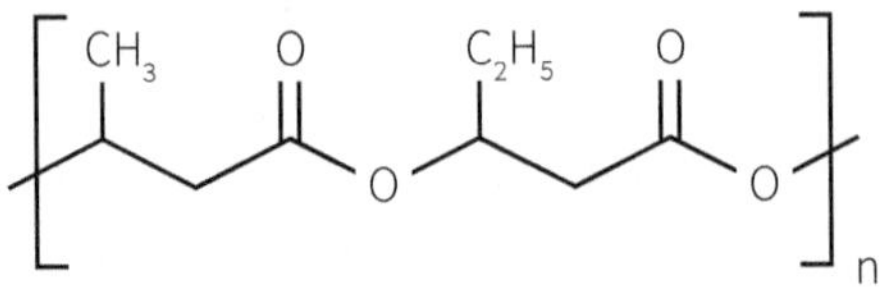

Poli(hidroxibutirato-co-valerato)

Outra classe de materiais que tem crescido são os polímeros biobaseados compostos total ou parcialmente de produtos biotecnológicos derivados da biomassa.

A Figura 1.17, a seguir, ilustra as diferentes classes de polímeros e suas características frente à biodegradação. Vale reforçar que polímeros derivados da biomassa não são necessariamente biodegradáveis: quanto mais semelhantes aos polímeros derivados de hidrocarbonetos, mais difícil sua degradação.

Figura 1.17 – Tipos de polímeros passíveis de serem produzidos industrialmente

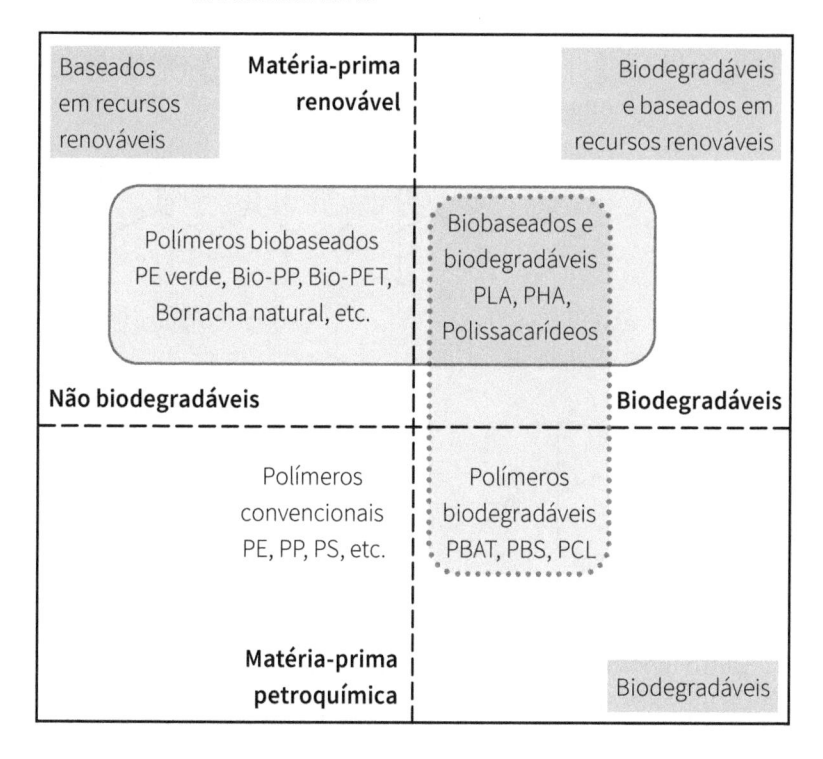

Baseados em recursos renováveis	Matéria-prima renovável	Biodegradáveis e baseados em recursos renováveis
Polímeros biobaseados PE verde, Bio-PP, Bio-PET, Borracha natural, etc.	Biobaseados e biodegradáveis PLA, PHA, Polissacarídeos	
Não biodegradáveis		Biodegradáveis
Polímeros convencionais PE, PP, PS, etc.	Polímeros biodegradáveis PBAT, PBS, PCL	
	Matéria-prima petroquímica	Biodegradáveis

Fonte: Afinko, 2018.

Os polímeros sintéticos biodegradáveis têm forte aplicação na área médica, como no formato de cápsulas de medicamentos para liberação controlada de fármacos, fixadores pós-cirurgia e materiais de sutura. São exemplos de biodegradáveis que contêm grupos hidrolisáveis em sua estrutura que facilitam a quebra de suas moléculas: poli(ácido lático) – PLA, poli(ácido glicólico) – PGA, poli(ácido glicólico-ácido lático) – PGLA, poli(ε-caprolactona) – PCL, poli(butileno adipato-co-tereftalato) – PBAT e polibutileno succinato – PBS. Algumas estruturas químicas são apresentadas na Figura 1.18, a seguir.

Figura 1.18 – Estrutura química de alguns polímeros sintéticos biodegradáveis

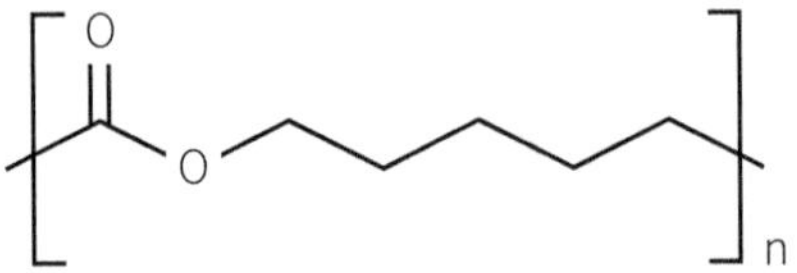

Poli(ε-caprolactona) (PCL)

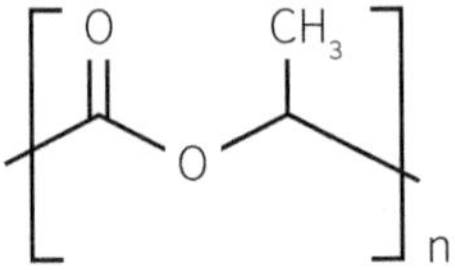

Poli(ácido lático) (PLA)

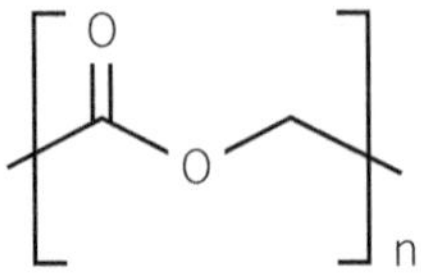

Poli(ácido glicólico) (PGA)

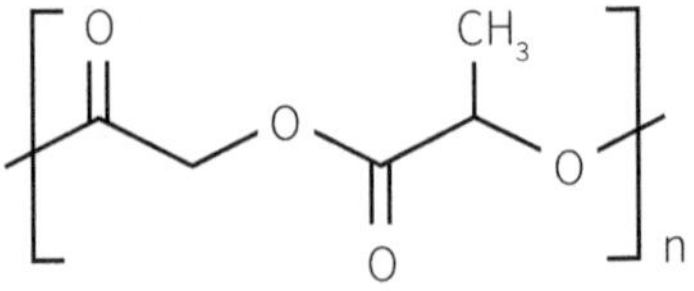

Poli(ácido glicólico-lático) (PGLA)

Outro fenômeno interessante é a oxibiodegradação, que acontece por conta de aditivos pró-degradantes adicionados na fabricação dos polímeros, os quais, combinados com a exposição à luz e/ou ao calor, catalisam a quebra das cadeias em moléculas menores.

O aditivo com utilização mais difundida atualmente é o d2w™. Segundo Resbrasil (2020), os produtos fabricados com esse composto apresentam o índice de biodegradabilidade "[…] de 88,86% em apenas 121 dias, segundo recente relatório da Eurofins em conformidade com normas EN 13432 e ISO EN 14855-1". Esse aditivo foi patenteado por uma empresa inglesa e tem em sua composição metais de transição, como ferro, cobalto ou níquel. Na primeira etapa da degradação, a massa molar do polímero é reduzida por um fator de 10. Os produtos da decomposição oxidativa têm terminações de cadeia que podem ser umedecidas, tornando o material mais acessível para os microrganismos, que realizam a segunda etapa. No entanto, alguns pesquisadores questionam seu efeito no ambiente, afirmando que não são biodegradáveis, apenas se fragmentam mais rapidamente, deixando resíduos que podem contaminar solo, lençóis freáticos e animais (Franchetti; Marconato, 2006; Brito et al., 2011; Follmann et al., 2017; Afinko, 2018; Resbrasil, 2020).

Síntese

Neste capítulo, vimos que polímeros são macromoléculas formadas pela repetição de unidades básicas chamadas *meros*, que se combinam entre si ou com meros diferentes para formar copolímeros. As reações que dão origem aos polímeros são denominadas *reações de polimerização*, e esse processo pode ocorrer por adição, por condensação ou por abertura de anel.

Também tratamos dos termoplásticos, polímeros que se fundem por ação do calor e que podem ser reciclados diversas vezes. Os plásticos termorrígidos são estáveis em temperaturas mais altas e não podem ser refundidos.

Em relação ao uso, vimos que existem os polímeros de uso geral, *commodities*; os polímeros de engenharia; e os polímeros de engenharia especiais, estes com características mecânicas e térmicas superiores.

A cristalinidade e a fase amorfa coexistem na estrutura dos polímeros. Quanto maior a cristalinidade, melhores as propriedades de resistência mecânica e a estabilidade térmica. Já as propriedades mecânicas subdividem os polímeros em frágeis, plásticos e elastômeros, estes últimos com elevada taxa de deformação elástica.

Em geral, os polímeros são isolantes elétricos, mas há algumas exceções criadas pela adição de dopantes. A resistência química e às intempéries é melhor nos polímeros de cadeia saturada sem carbono terciário.

Por fim, vimos que formulações específicas podem alcançar baixíssima resistência às intempéries no caso dos polímeros biodegradáveis.

Atividades de autoavaliação

1. Indique se as afirmações a seguir são verdadeiras (V) ou falsas (F).
   ( ) Homopolímeros são formados por mais de dois meros diferentes.
   ( ) Copolímeros podem ser aleatórios, em bloco, alternados ou por enxerto.
   ( ) Nos polímeros, ocorrem ligações iônicas e de Van der Waals.

( ) A temperatura de fusão dos polímeros cresce com o aumento do peso molecular.

( ) Polímeros ramificados têm maior resistência mecânica do que aqueles com ligações cruzadas, porque as cadeias não têm ligação entre si.

Agora, assinale a alternativa que contém a sequência correta.

a) F, F, F, V, F.
b) F, F, V, V, F.
c) V, F, F, V, F.
d) F, V, F, V, F.
e) F, F, V, V, V.

2. Assinale a alternativa correta em relação às propriedades mecânicas dos polímeros.
   a) Polímeros não podem apresentar comportamento frágil, pois são plásticos.
   b) Quanto maior a cristalinidade, menor a resistência mecânica.
   c) A resistência à tração é menor em polímeros que contêm anéis aromáticos.
   d) Os parâmetros do ensaio de tração não afetam a resistência à tração resultante.
   e) Polímeros apresentam componentes viscosos e elásticos na deformação.

3. Considere as afirmações:
   I. A borracha natural é um elastômero e pode ter elongação de mais de 500% em testes de tração.
   II. A massa molecular do politetrafluor-etileno com grau de polimerização de 1.000 é 31.000 g/mol.
   III. A polimerização não pode ser induzida por um catalisador.
   IV. Termoplásticos amolecem ou liquefazem quando expostos a temperaturas elevadas.
   V. Polímeros lineares cristalizam com mais facilidade que polímeros ramificados.

   Assinale a alternativa que apresenta as afirmativas corretas:
   a) I, II, III, IV e V.
   b) I, III e IV.
   c) I, II, IV e V.
   d) I, IV e V.
   e) II, IV e V.

4. Indique se as afirmações a seguir são verdadeiras (V) ou falsas (F).
   ( ) Polímeros não podem ser aquecidos a temperaturas acima de 100 °C, pois derretem.
   ( ) Todos os polímeros são resistentes à água.
   ( ) A exposição ao sol pode causar degradação dos polímeros pela quebra de ligações.
   ( ) Polímeros que contêm cloro são mais resistentes à luz solar por conta da força da ligação carbono-cloro (C-Cl).

( ) A maioria dos polímeros é isolante elétrico, pois quase não tem elétrons livres.

( ) A resistência a solventes é maior em polímeros de alto peso molecular e com maior grau de cristalinidade.

Agora, assinale a alternativa que contém a sequência correta.

a) F, F, V, V, F, V.
b) F, F, V, V, F, F.
c) V, F, F, V, F, V.
d) F, V, F, V, F, V.
e) F, F, V, F, V, V.

5. Considere as afirmações acerca dos polímeros termorrígidos:

I. Polímeros termorrígidos podem ser reciclados diversas vezes.
II. A baquelite é um exemplo de polímero que pode substituir materiais metálicos em algumas aplicações.
III. Verniz e adesivos podem ser feitos a partir da resina de ureia-formaldeído, um polímero termorrígido.
IV. Polímeros termorrígidos são bastante resistentes por conta de sua estrutura molecular, com elevada densidade de ligações cruzadas.
V. As reações de polimerização dos termorrígidos podem ocorrer em solução, em emulsão ou em suspensão.

Assinale a alternativa que apresenta as afirmativas corretas:

a) I, II, III, IV e V.
b) II, III e IV.
c) I, II, IV e V.
d) I, IV e V.
e) II, IV e V.

Atividades de aprendizagem
Questões para reflexão

1. A sociedade moderna se caracteriza pelo elevado consumo de material plástico, porém este tem trazido diversas consequências negativas para o ambiente, principalmente para a vida marinha. O que se pode fazer para diminuir esse problema?

2. A resistência mecânica é uma propriedade importante quando se cogita substituir algum elemento metálico por um similar feito de material polimérico. Quais estratégias podem ser utilizadas para melhorar a resistência mecânica dos polímeros e torná-los aptos a aplicações tradicionalmente reconhecidas como dos metais?

Atividade aplicada: prática

1. Faça uma pesquisa para descobrir de que material polimérico são feitos os materiais escolares, como canetas, borrachas, lapiseira, garrafa de água, carteirinhas plastificadas e carcaça de *notebook*.

Capítulo 2

Polímeros e temperatura para transformação

Neste capítulo, iniciaremos o estudo das técnicas de conformação dos materiais poliméricos. Conheceremos a técnica de moldagem por extrusão, que é largamente empregada na obtenção de comprimentos contínuos e geometrias de seção reta constante, como tubos, mangueiras, perfis e filamentos.

Também abordaremos as suas variantes, como a coextrusão (para a obtenção de produtos multicamadas), a extrusão seguida de sopro (para a produção de recipientes plásticos) e a extrusão de filmes pelo processo balão.

2.1 Transformação dos polímeros

O método de conformação a ser empregado na transformação dos polímeros depende de alguns fatores, como o tipo de polímero, se é termoplástico ou termofixo, a temperatura de trabalho, a estabilidade térmica e a geometria do produto final. Normalmente, faz-se uso de pressão e temperatura para a moldagem dos materiais poliméricos: mantém-se a pressão enquanto resfria-se a peça para que ela mantenha sua forma.

A temperatura a ser empregada nesse processo varia conforme o tipo de material polimérico. Polímeros de estrutura amorfa (sem ordenamento molecular) têm apenas a temperatura de transição vítrea, Tg (no símbolo, *g* provém do inglês *glass*, *vidro*, pois esse polímero tem comportamento semelhante aos vidros), temperatura na qual as cadeias amorfas adquirem mobilidade. Já polímeros semicristalinos apresentam Tg e Tm (no símbolo, *m* provém do inglês *melt*, *fundido*), temperaturas nas quais as fases amorfa e cristalina, respectivamente, adquirem mobilidade. Em ambos os casos, tem-se um valor médio da faixa de temperatura em que isso ocorre, dependente do tamanho das moléculas poliméricas. No geral, o processamento acontece em temperaturas acima de Tg e Tm.

Com base em análises térmicas, é possível conhecer o comportamento do polímero em relação à temperatura e, assim, estimar seus parâmetros de processamento. Em um termograma (TG), obtêm-se informações sobre a decomposição térmica de cada material; já com a análise térmica diferencial (DTA), pode-se analisar a variação de energia e a temperatura dos principais fenômenos físicos e químicos durante o aquecimento de polímeros.

Gráfico 2.1 – Termograma para polímeros diversos

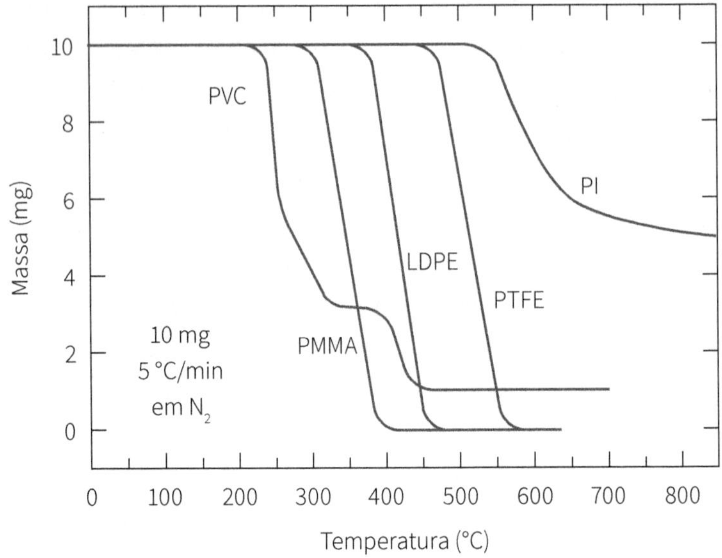

[Gráfico: Massa (mg) vs Temperatura (°C); curvas para PVC, PMMA, LDPE, PTFE e PI; condições: 10 mg, 5 °C/min em N₂]

Legenda:

PVC: policloreto de vinila
PMMA: polimetacrilato de metila
LDPE: polietileno de baixa densidade
PTFE: politetrafluor-etileno
PI: polipirometilimida aromática

O Gráfico 2.1, um termograma, refere-se a um experimento realizado com 10 mg de cada polímero a uma velocidade de aquecimento constante de 5 °C/min em atmosfera de nitrogênio. As curvas geradas mostram a perda de massa resultante da decomposição de cada material, colocando diferentes polímeros em ordem crescente de estabilidade térmica. As curvas ainda podem ser utilizadas para identificação, no caso de amostras desconhecidas.

É possível perceber o aumento da estabilidade térmica para os polímeros que têm mais probabilidade de apresentar cristalinidade e/ou anéis aromáticos na estrutura. Como já foi mencionado, o PVC não tolera muita temperatura, liberando gás cloro e decompondo-se a temperaturas medianas. O polimetacrilato de metila (PMMA) é o segundo a se decompor, acima de 300 °C, o que já permite sua ampla utilização em substituição ao vidro, também conhecido como *vidro de acrílico*, por sua ótima transmissão de luz; esse produto apresenta também boa resistência às intempéries, por isso é bastante utilizado na fabricação de lentes, janelas de aeronaves, equipamentos de desenho e cartazes de rua.

Gráfico 2.2 – Análise térmica diferencial para um polímero genérico

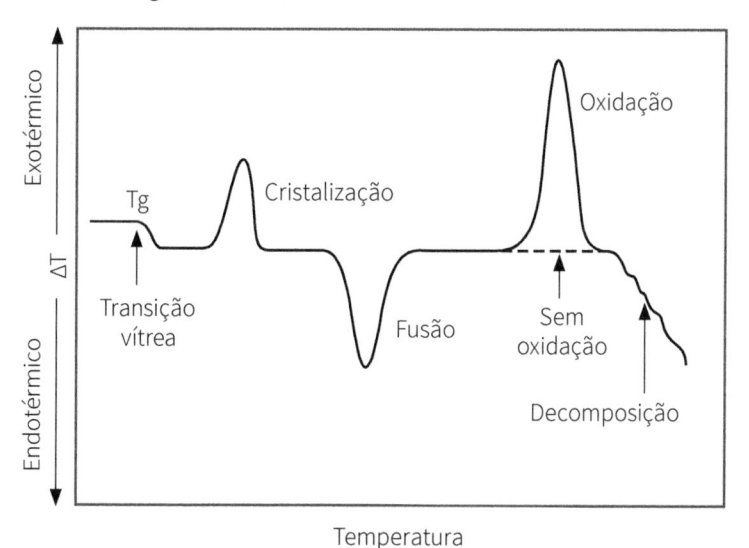

Na análise térmica diferencial, exposta no Gráfico 2.2, é possível observar que os processos de fusão e decomposição são endotérmicos e que a cristalização e a oxidação são exotérmicas, isto é, ocorrem com liberação de energia. O gráfico também evidencia a temperatura na qual a parte amorfa do material adquire mobilidade, Tg, parâmetro de referência para o limite de utilização do polímero.

A cristalização é o mecanismo pelo qual as cadeias moleculares altamente aleatórias do polímero ordenam-se, atingindo certo grau de orientação e alinhamento. A partir de núcleos de cristalização, pequenas regiões se tornam alinhadas na forma de cadeias dobradas. Na sequência do processo de nucleação, há o crescimento radial dos cristais em uma estrutura denominada *esferulite*, que pode ser visualizada por microscopia com luz polarizada e que se assemelha à cruz de malta.

Figura 2.1 – Modelo de cristalinidade para polímeros

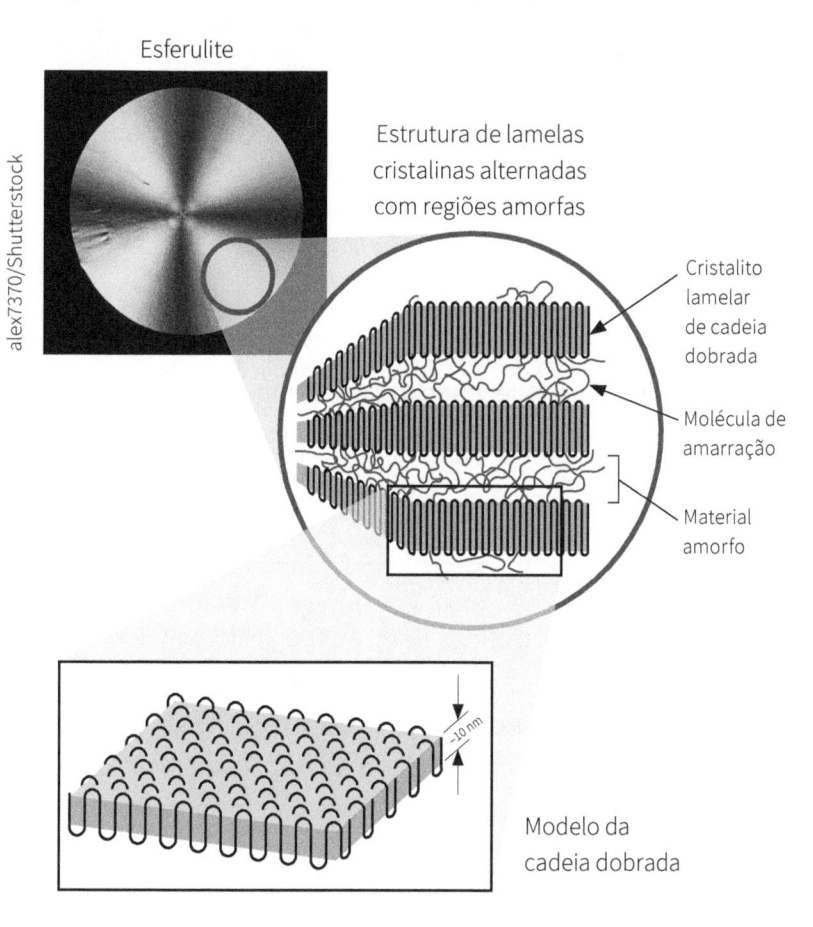

Esferulite

Estrutura de lamelas cristalinas alternadas com regiões amorfas

Cristalito lamelar de cadeia dobrada

Molécula de amarração

Material amorfo

~10 nm

Modelo da cadeia dobrada

alex7370/Shutterstock

As esferulites são os análogos dos cristais nos materiais policristalinos (metálicos e cerâmicos) e se formam pelo agrupamento de cristalitos, os quais contêm lamelas ordenadas que se ligam por regiões amorfas e forças intermoleculares. A cristalização é um processo dependente do tempo e pode ser calculada pela equação de Avrami:

$$y = 1 - \exp(-k t^n)$$

Em que:

y = fração cristalizada

k e n = constantes independentes do tempo (relacionadas ao sistema que está sendo cristalizado)

t = tempo

A cristalização nunca atinge 100% e depende fortemente do método utilizado para sua determinação, mas pode ser normalizada para fins de comparação entre diferentes amostras. A extensão da cristalização pode ser medida pela alteração do volume da amostra, também influenciado pelo peso molecular do polímero.

Outro modelo utilizado para descrever a cristalinidade nos polímeros é a do micélio com borda, no qual uma mesma molécula pode passar por regiões cristalinas e amorfas.

Figura 2.2 – Modelo do micélio com borda

Região com cristalinidade elevada

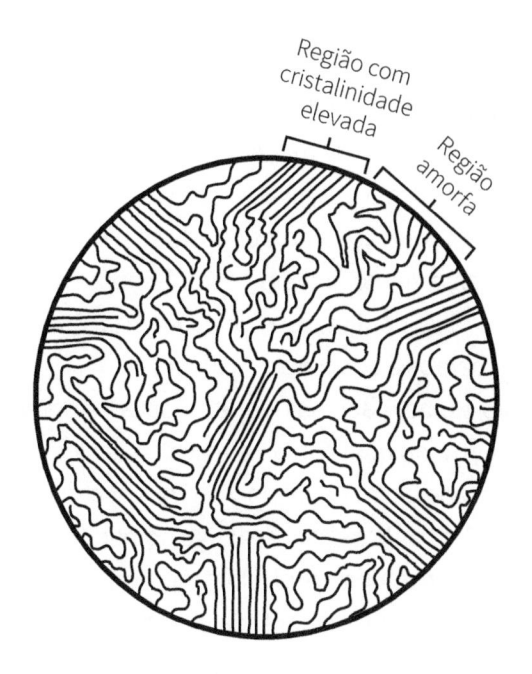

Região amorfa

A densidade de um polímero semicristalino será maior que a de um polímero amorfo com o mesmo peso molecular, pois a ordenação promove um empacotamento das cadeias. Em regiões de ordenamento molecular, há também maior presença de forças intermoleculares secundárias, como as forças de Van der Waals, levando a uma melhora nas propriedades mecânicas (Canevarolo Jr., 2002; Callister, 2000).

2.2 Extrusão

O processo de extrusão consiste na passagem forçada da massa polimérica fundida, ou em estado viscoso, através de uma matriz com extremidade aberta, de maneira contínua. Esse processo pode ser utilizado para a obtenção de produtos acabados, como tubos e perfilados, ou para a produção de semimanufaturados, que terão processamento final posterior. Também pode ser adotado como meio para reações de polimerização e para a adição de pigmentos e aditivos.

A extrusora é uma máquina que se caracteriza por apresentar um cilindro dentro do qual gira uma rosca mecânica, ou parafuso sem fim, que propele o material polimérico, usualmente alimentado na forma de *pellets*. Ao longo do parafuso, o material é progressivamente aquecido, plastificado, comprimido e forçado através do orifício da matriz montada na extremidade do cilindro. O aquecimento normalmente é feito por resistências elétricas, mas também pode ocorrer por óleo ou vapor aquecidos que circulam ao longo do cilindro.

Figura 2.3 – Desenho esquemático de uma extrusora

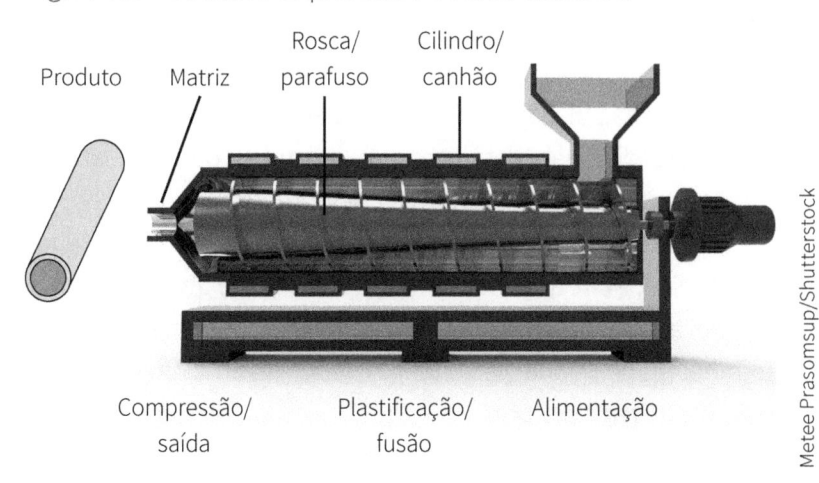

Produto — Matriz — Rosca/parafuso — Cilindro/canhão

Compressão/saída — Plastificação/fusão — Alimentação

Metee Prasomsup/Shutterstock

O cilindro pode ser dividido em três regiões distintas: zona de alimentação; zona de plastificação ou fusão; zona de compressão ou saída. Na zona de alimentação, os sulcos do parafuso são mais profundos, e o material peletizado, ainda no estado sólido, tem menor densidade. Na zona de plastificação ou fusão, os sulcos diminuem de profundidade, e o material gradativamente aumenta sua temperatura por conta do aquecimento do cilindro e do atrito gerado pela rotação do parafuso. Na zona de compressão ou saída, os sulcos são mais rasos, controlando a vazão de material e gerando a pressão necessária à extrusão.

Ao sair do cilindro, o material é forçado contra uma tela-filtro, cujas funções são: oferecer resistência ao fluxo, aumentando o cisalhamento e a homogeneização; remover eventuais impurezas ou material não plastificado; mudar o perfil de fluxo espiral do material fundido para então entrar na matriz. Ao passar pela matriz, o material toma sua forma e segue para a solidificação, que pode ser acelerada por sopro de ar ou borrifamento de água. Em seguida, é direcionado a um equipamento de transporte, que deve se mover em sincronia com a velocidade de extrusão. Termopares posicionados ao longo do cilindro auxiliam no controle de temperatura.

De acordo com o material a ser processado, podem-se variar as profundidades relativas dos sulcos e o comprimento de cada zona do cilindro. O tamanho da extrusora é bastante variável, pois depende do material e da taxa de produção esperada.
É comum que as extrusoras apresentem parafusos da ordem de 20 diâmetros, e o diâmetro varia de cerca de 100 a 300 mm em máquinas de uso comercial.

A extrusão pode ser utilizada no recobrimento de arames e cabos elétricos. Nesses casos, o arame é introduzido perpendicular ou obliquamente ao eixo do cilindro; e deve ser usada uma velocidade constante para se obter uma espessura uniforme de recobrimento. Em seguida, o arame recoberto passa por uma série de banhos de resfriamento para depois ser bobinado. Nesse processo, pode ser incluído um teste de faísca para verificar a integridade e o isolamento do extrudado.

Outra aplicação clássica do processo de extrusão é na obtenção de produtos tubulares. Podem ser moldados tanto tubos rígidos de grande diâmetro quanto tubos flexíveis de menor diâmetro, como mangueiras. A diferença, nesses casos, é a presença de um núcleo ou mandril interno que garante o perfil interno do extrudado. Para garantir o diâmetro externo do tubo, esse passa por uma matriz de calibragem resfriada à água, como ilustrado na Figura 2.4, a seguir (Blass, 1985).

Figura 2.4 – Extrusão de tubos com placas de calibragem

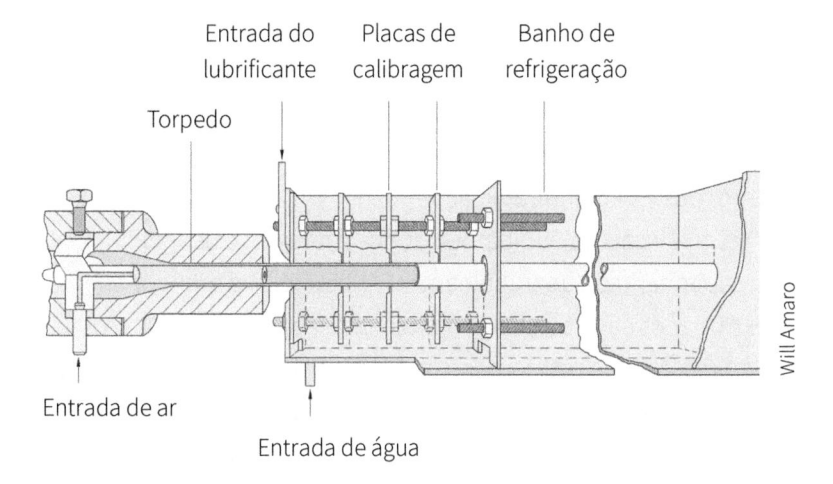

2.3 Coextrusão

A coextrusão permite que dois ou mais polímeros sejam extrudados simultaneamente para a obtenção de um produto multicamadas. Essa técnica surgiu para suprir a demanda do mercado de embalagens, uma vez que nenhum material sozinho cumpria os requisitos de permeabilidade ao oxigênio e vapor d'água, bloqueio às graxas, capacidade de impressão, capacidade de conformação, alta resistência ao impacto e transparência. Assim, esse processo combina o melhor de cada material, desde que eles não se misturem.

Como resultado, podem ser obtidos: um produto laminado de múltiplas cores, um produto de superfície externa rígida e um núcleo espumado macio, proteção de polímeros que se degradam mais facilmente, embalagens com alto brilho, embalagens multicamadas que propiciam o aumento do tempo de vida dos alimentos, embalagens a vácuo ou com atmosfera modificada, fibras óticas poliméricas com reflexão interna total, entre outras infinitas aplicações.

Em relação ao equipamento, pode haver extrusoras independentes que trabalham em paralelo, nas quais os extrudados são colocados em contato, passam por cilindros de pressão e de resfriamento e posteriormente são bobinados. Também existem extrusoras multicamadas, que podem ser de dois tipos: com matriz multidistribuidora ou com alimentação em blocos. Em todos os casos, a seleção dos materiais para coextrusão deve levar em conta a compatibilidade entre os materiais, que devem ter viscosidade e temperatura de trabalho semelhantes, de modo a minimizar as instabilidades durante o processamento.

A extrusora com matriz multidistribuidora apresenta diferentes canais de alimentação que se unem apenas nos lábios (extremidade) da matriz. Ela requer desenho e projeto meticulosos da espessura das camadas, por isso é de difícil operação.

A extrusora com alimentação em blocos apresenta uma matriz plana, antes da qual os canais de extrudados de cada material se unem, entregando um fluxo laminar. A espessura de cada camada é regulada pela respectiva taxa de extrusão (Innova, 2020).

Figura 2.5 – Desenho esquemático de uma matriz multidistribuidora

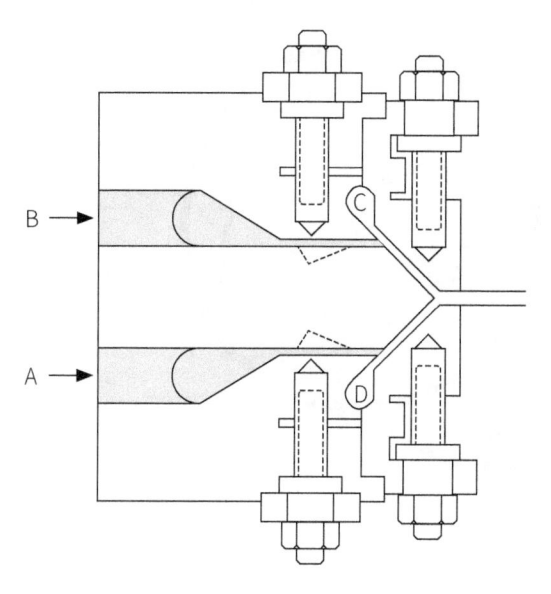

Nessa figura, A e B correspondem aos canais de alimentação de dois polímeros diferentes.

O processo de coextrusão pode ser adaptado para um processo de extrusão/laminação e, assim, revestir diferentes materiais com camadas poliméricas para obtenção de embalagens diferenciadas. O polietileno é bastante utilizado em diversas combinações, por exemplo: com papel kraft na produção de sacos multifoliados para embalagem de fertilizantes; com cartolinas e/ou papel alumínio para embalagens de leite e suco; com filme de poliéster em embalagens que possam ser aquecidas; com tecidos na confecção de entretelas para golas e embalagens especiais (Blass, 1985).

Figura 2.6 – Composição das camadas de uma embalagem multifoliada

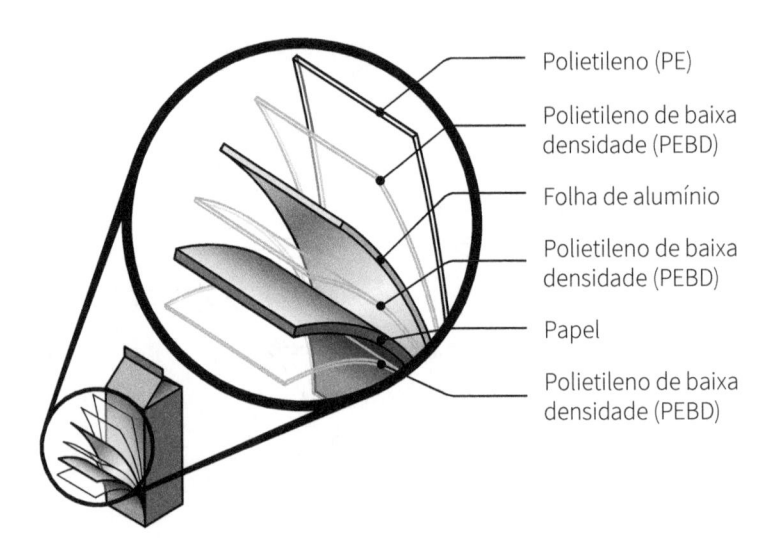

Polietileno (PE)
Polietileno de baixa densidade (PEBD)
Folha de alumínio
Polietileno de baixa densidade (PEBD)
Papel
Polietileno de baixa densidade (PEBD)

Zern Liew/Shutterstock

2.4 Moldagem por sopro

Na moldagem por sopro, há a primeira etapa de extrusão de um núcleo, chamado de *parison*, o qual é posteriormente soprado, ainda aquecido, para que tome a forma de um molde. Esse processo é de grande relevância na indústria, já que diversos recipientes plásticos são obtidos dessa maneira. A necessidade da segunda etapa, para sopramento, torna a operação semicontínua, não utilizando toda a capacidade da extrusora e aumentando o tempo de processo.

Para amenizar esse inconveniente e aumentar a produtividade, sugere-se o trabalho com mais moldes, os quais podem ser deslizantes (vertical ou horizontalmente). A extrusão pode acontecer com um distribuidor valvulado ou de maneira contínua com uma mesa rotativa e múltiplos moldes. O alto custo de ferramental e manutenção se justifica no caso de elevado volume de produção.

Em geral, temos as seguintes etapas na moldagem por sopro:

- Um tubo é extrudado entre metades abertas de um molde.
- Ao atingir o comprimento adequado, o tubo é cortado, o molde se fecha e é deslocado de posição.
- Ocorre o sopramento, quando o tubo toma a forma desejada.
- A pressão de ar é mantida, e a peça se resfria na troca de calor com o molde. O molde é, então, removido. Paralelamente a essa operação, um segundo molde é posicionado e extrudado, e assim sucessivamente.

Figura 2.7 – Etapas da moldagem por sopro

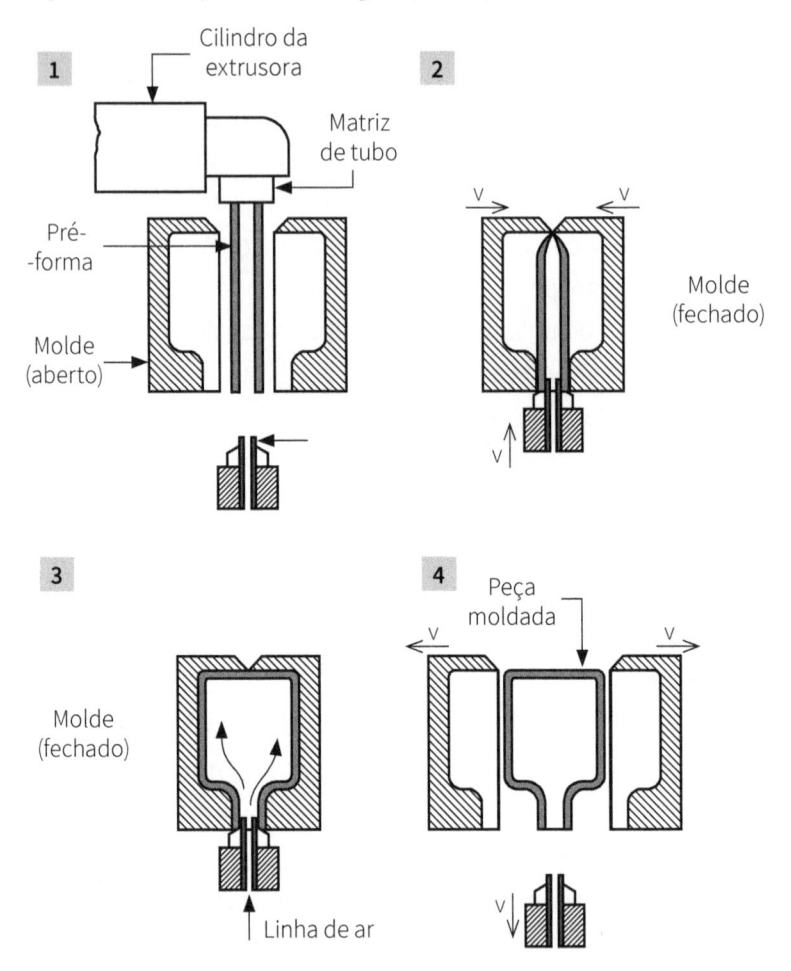

1
Cilindro da extrusora
Matriz de tubo
Pré-forma
Molde (aberto)

2
Molde (fechado)

3
Molde (fechado)
Linha de ar

4
Peça moldada

Deve-se dar atenção especial ao molde, já que ele é responsável pelo acabamento superficial das embalagens assim obtidas – o fundo da peça extrudada é formado pelo esmagamento do tubo, e as faces opostas devem ser soldadas. O molde deve comportar o excesso de material, que normalmente é obtido pelo formato angular da base atuando como uma bolsa de esmagamento. É comum que o fundo do recipiente contenha um rebaixo, apresentado na Figura 2.8, a seguir, que pode ser utilizado como posicionador em operações posteriores de acabamento ou impressão.

Figura 2.8 – Rebaixo posicionador para operações posteriores

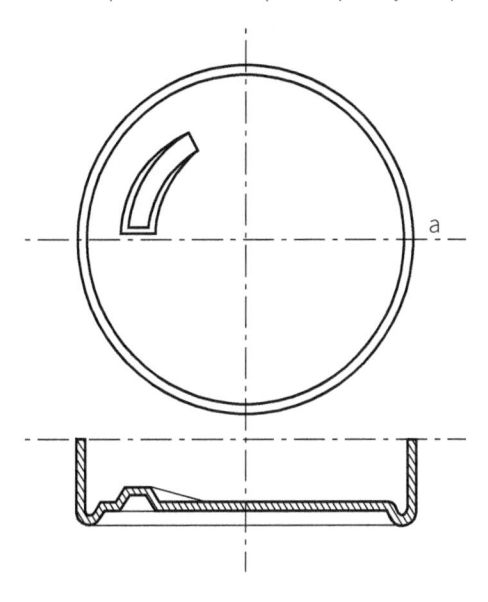

Outro detalhe relevante é a evacuação do ar no molde, pois, à medida que o tubo é soprado e vai de encontro a suas paredes, o ar deve sair por canais de evacuação. Estes podem ser usinados na superfície de contato dos moldes e/ou utilizadas placas sinterizadas porosas que permitam a saída do ar (Blass, 1985).

2.5 Extrusão de filmes

De grande utilidade para a embalagem de gêneros alimentícios, o processo de extrusão de filmes e películas tubulares, também chamado de *processo balão*, faz uso de um molde anular por meio do qual se sopra ar pelo interior da matriz. Esse sopro expande o extrudado, reduzindo sua espessura e aumentando sua largura, de modo a criar uma bolha, a qual é resfriada por uma corrente de ar uniforme ao seu redor.

A Figura 2.9 mostra um processo de extrusão vertical ascendente. Na parte superior do equipamento, roletes de tração achatam o filme extrudado e este segue para o bobinamento.

Figura 2.9 – Extrusão de filme tubular

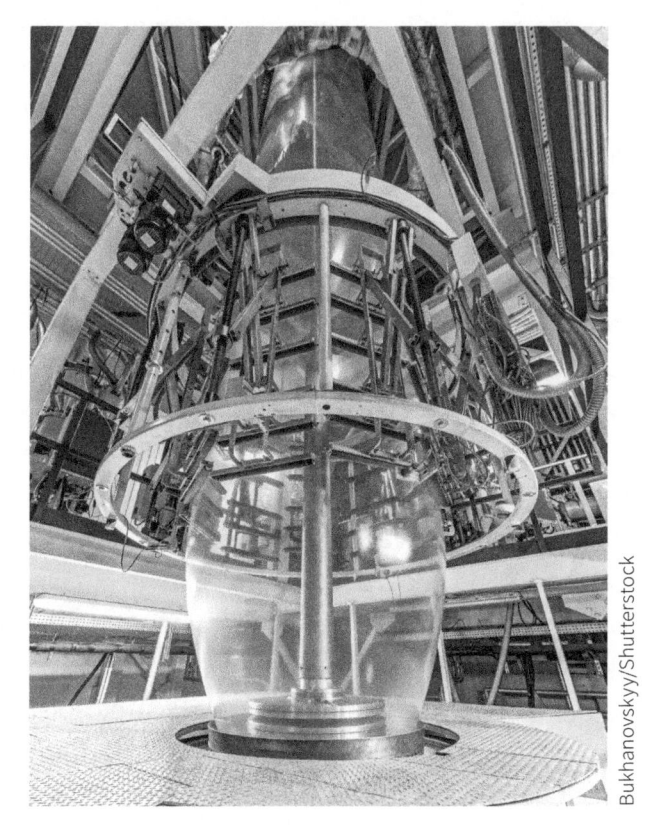

Bukhanovskyy/Shutterstock

O processo de estiramento do filme se dá em ambos os sentidos, longitudinal e transversal (diâmetro da bolha), e favorece a orientação molecular e o consequente aumento da resistência mecânica. O diâmetro e a espessura finais dependem da velocidade de extrusão e da pressão de ar soprado; chegando a alcançar espessuras de até 20 µm com uma pressão de ar de 0,3 MPa. A uniformidade no resfriamento é fundamental para que não haja variação na espessura e para que o filme não cole sobre si próprio ao passar pelos cilindros de compressão.

Nesse processo, outros fatores críticos para um bom resultado são: inexistência de pontos mortos ao longo do cilindro da extrusora; passagem suave do fundido entre a extremidade do parafuso até os lábios do molde; ótimo controle de temperatura para evitar variação de viscosidade, a qual pode resultar em variação de espessura; ajuste fino do anel do molde, que deve estar sempre perfeitamente centralizado em relação ao torpedo; distribuição uniforme do calor. É recomendado que o anel do molde e a cabeça do torpedo recebam recobrimento com cromo para evitar riscos e marcas de desgaste, promovendo um fluxo homogêneo.

O achatamento da bolha se dá pela passagem em roletes de tracionamento, um deles de aço e outro de borracha, posicionados a pelo menos dois metros do anel de refrigeração. A pressão deve ser uniforme, e a velocidade, estável, para evitar rugosidades no filme. O bobinamento deve ser realizado com o filme já bem resfriado para evitar a colagem das sucessivas camadas.

A produtividade desse processo não é das melhores em razão do elevado tempo de resfriamento da bolha, porém é considerado de baixo custo – podem ser obtidos filmes bastante largos passando a bolha por um cortador ao longo de uma geratriz.

Uma variação é a extrusão por meio de um molde do tipo fenda, para a obtenção de filmes finos planos. O extrudado é estirado longitudinalmente até a espessura desejada, passando então para o resfriamento, que pode ser por banho de água ou cilindros de refrigeração. Os filmes obtidos por esse processo têm um acabamento superior e alta transparência em razão do resfriamento mais rápido (não há tempo para o crescimento de cristalitos). Por esse mesmo motivo, a produtividade também é superior.

Quando utilizados, os cilindros de arrefecimento devem ter superfícies bem polidas e ser providos de um sistema de circulação de água, de modo que sua temperatura seja uniforme. A distância entre o bico extrusor e a refrigeração tem um valor ótimo; nem tão longe para que o filme não sofra contração, nem tão perto para que o filme não se rasgue. A qualidade do filme depende do ajuste desse parâmetro, assim como da temperatura de extrusão, e varia conforme o material a ser trabalhado (Blass, 1985).

2.6 Extrusão de elastômero

O processo de fabricação de pneus é composto de várias etapas, entre as quais a extrusão dos elastômeros responsáveis pelas características de absorção de impacto e flexibilidade dos veículos. A Figura 2.10, a seguir, mostra esquematicamente os processos para confecção das bandas de rodagem, a camada mais externa do pneu.

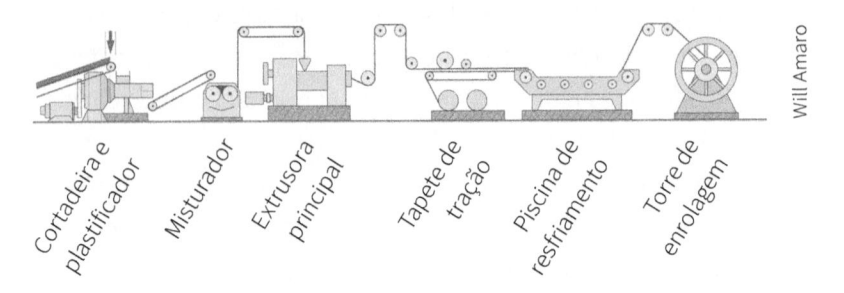

Figura 2.10 – Processo de produção de bandas de rodagem

Cortadeira e plastificador · Misturador · Extrusora principal · Tapete de tração · Piscina de resfriamento · Torre de enrolagem

Will Amaro

Placas de borracha têm seu tamanho reduzido e são homogeneizadas em um processo de pré-plastificação na cortadeira e no plastificador. Em um misturador fechado, comumente do tipo Banbury, são adicionados a borracha e os demais compostos, como enxofre (responsável pelo processo posterior de vulcanização), óxido de zinco com ácido esteárico (que reagirão para fornecer estearato de zinco, o qual atua como acelerador de reticulação), aditivos estabilizantes contra intempéries, agentes de fluxo e plastificantes (auxiliares de processamento) e, por fim, cargas minerais, como a mica e o negro de carbono (que atuam como reforço às propriedades mecânicas).

Nesse processo, a extrusora difere das demais por ter um rolo auxiliar na saída da matriz responsável pelo tracionamento da borracha que facilita seu estiramento. Tapetes de tração também auxiliam o tracionamento, de modo a reduzir a tendência à retração que o componente elástico das cadeias internas apresenta – de se enovelar em busca de uma configuração mais estável. A velocidade dos tapetes de tração influi diretamente na retração da borracha e, consequentemente, nos parâmetros de espessura, largura e peso do produto para um determinado comprimento.

O resfriamento geralmente é feito em água. O material segue para bobinamento, processo em que pode ser utilizada uma manta separadora de alumínio para evitar que camadas sucessivas se colem umas sobre as outras. Após a confecção dos diversos componentes dos quais o pneu é composto, acontece a montagem, conforme ilustra a Figura 2.11, a seguir.

Figura 2.11 – Camadas que formam o pneu

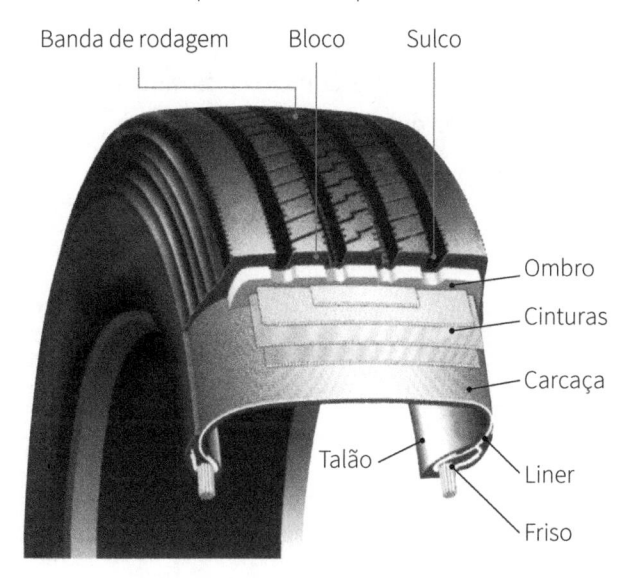

A montagem é realizada sobre um tambor inflável. A primeira camada (*inner liner*) tem o formato de um tubo, que será posteriormente preenchido com ar. Napas e cintas de poliéster e aço dão sustentação e reforço à estrutura. Diversas camadas de lonas conferem flexibilidade à estrutura. Por fim, é colocada a banda de rodagem, e o pneu segue para o molde de recozimento, quando ocorre a vulcanização.

A vulcanização é a etapa final no processamento da borracha, quando são criadas ligações cruzadas responsáveis pelas características mecânicas melhoradas a partir da borracha natural. Essas ligações cruzadas podem ser mono, bi ou polissulfídicas, resultando em cruzamentos diretos ou entrecruzamentos cíclicos, com vários átomos de enxofre na cadeia. A vulcanização também pode ocorrer por meio de outros compostos além do enxofre, como óxidos metálicos, aminas polifuncionais, peróxidos orgânicos, entre outros (Gomes, 2008; Clavelario, 2012).

Figura 2.12 – Formação de ligações cruzadas no processo de vulcanização com enxofre

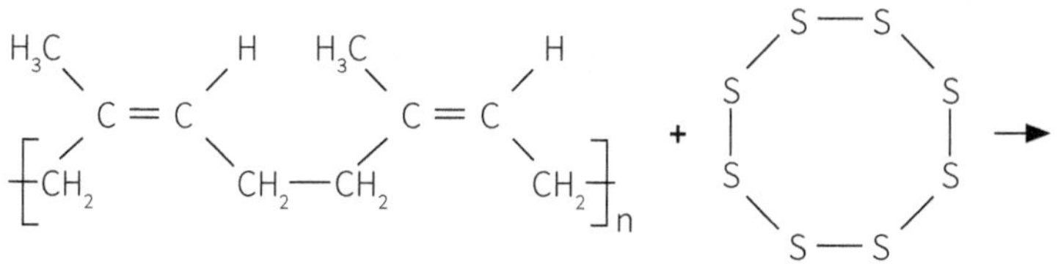

$$\left[\begin{array}{c} H_3C \\ \diagdown \\ CH_2 \end{array} C = C \begin{array}{c} H \\ \diagdown \\ CH_2 - CH_2 \end{array} \begin{array}{c} H_3C \\ \diagdown \\ \end{array} C = C \begin{array}{c} H \\ \diagdown \\ CH_2 \end{array} \right]_n + S_8 \longrightarrow$$

Cis-1,4-poliisopreno   Enxofre

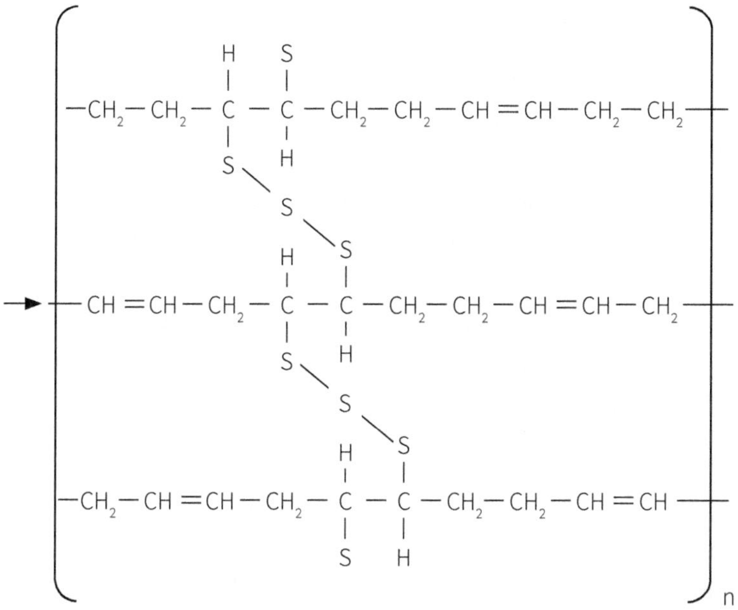

$$\left(\begin{array}{c} -CH_2-CH_2-\underset{\underset{S}{|}}{\overset{\overset{H}{|}}{C}}-\underset{\underset{H}{|}}{\overset{\overset{S}{|}}{C}}-CH_2-CH_2-CH=CH-CH_2-CH_2- \\ S \\ \diagdown S \\ -CH=CH-CH_2-\underset{\underset{S}{|}}{\overset{\overset{H}{|}}{C}}-\underset{\underset{H}{|}}{\overset{\overset{S}{|}}{C}}-CH_2-CH_2-CH=CH-CH_2- \\ S \\ \diagdown S \\ -CH_2-CH=CH-CH_2-\underset{\underset{S}{|}}{\overset{\overset{H}{|}}{C}}-\underset{\underset{H}{|}}{\overset{\overset{S}{|}}{C}}-CH_2-CH_2-CH=CH- \end{array} \right)_n$$

Borracha vulcanizada

O grau de entrecruzamento das cadeias depende dos parâmetros de reação da vulcanização, como temperatura, tempo, quantidade e tipo de catalisadores, além da quantidade do agente reticulante. Para borrachas comuns, o teor de enxofre varia entre 2% e 10%. Para as bandas de rodagem dos pneus, adiciona-se de 1,5% a 5% de enxofre. Como revestimento protetivo de máquinas e na indústria química, podem ser adicionados até 30% de enxofre. As propriedades mecânicas são fortemente influenciadas pela densidade de ligações cruzadas. Segundo Gomes (2020):

> Há propriedades otimizadas com uma ligeira subvulcanização, tais como a resistência à abrasão e a resistência à progressão do corte, optimizadas com a vulcanização óptima, como a tensão de rotura e a resistência ao envelhecimento e, por último, optimizadas com uma ligeira sobrevulcanização. Neste grupo podemos incluir a elasticidade de ressalto, a deformação permanente por compressão, a resistência ao desgaste, o aquecimento interno, o amortecimento dinâmico, a estabilidade de aumento de volume e a flexibilidade a baixa temperatura.

Portanto, deve ser buscado um valor ótimo de ligações cruzadas de acordo com a aplicação final desejada para o produto.

Síntese

Neste capítulo, estudamos que o uso de técnicas analíticas pode auxiliar no conhecimento das temperaturas de transformação dos polímeros.

Abordamos, ainda, o processo de extrusão, largamente utilizado para a obtenção de produtos plásticos de seção contínua, como perfis, tubos e mangueiras, no revestimento de cabos e arames e na obtenção de produtos multicamadas para fabricação de embalagens diversas.

A extrusora, máquina utilizada nesse processo, tem um cilindro em cujo interior se move o parafuso responsável pela fusão e pela compressão do material plástico. A extrusão seguida por sopro permite a obtenção de recipientes diversos; o sopro também auxilia na extrusão de filmes planos, ambos fundamentais nas indústrias de embalagens.

Por fim, vimos a extrusão de elastômeros e os fundamentos das reações de vulcanização desses materiais.

Atividades de autoavaliação

1. O conhecimento sobre o comportamento térmico dos polímeros é de vital importância para seu processamento adequado. Sobre as temperaturas de transição vítrea (Tg) e de fusão (Tm) dos polímeros, é possível afirmar:

a) A presença de grupamentos flexíveis na cadeia principal promove flexibilidade, tendendo a aumentar a temperatura de fusão (Tm).
b) O aumento da massa molar da cadeia polimérica tende a aumentar a temperatura de fusão (Tm).
c) A temperatura de transição vítrea (Tg) só é válida para os polímeros que apresentam cristalinidade, pois representa a temperatura em que, durante o aquecimento, desaparecem as regiões cristalinas.
d) A temperatura de transição vítrea (Tg) ocorre em polímeros totalmente cristalinos e é devida a uma diminuição no movimento de grandes segmentos de cadeias moleculares pela redução da temperatura.
e) A presença na cadeia de ligações duplas diminui a flexibilidade da cadeia e causa uma redução no valor da temperatura de fusão (Tm).

2. Indique se as afirmações a seguir são verdadeiras (V) ou falsas (F).
( ) A extrusão faz uso de pressão e temperatura para conformação de polímeros.
( ) A extrusão permite a obtenção de perfis com diferentes geometrias.
( ) A temperatura de transição vítrea (Tg) é a temperatura de processamento para a maioria dos materiais plásticos.
( ) Tubos e mangueiras não podem ser obtidos por extrusão, pois são ocos.
( ) A extrusão pode ser uma etapa intermediária no processamento apenas para adicionar aditivos e homogeneizar o material.

Agora, assinale a opção que contém a sequência correta.

a) V, V, F, F, V.
b) F, F, V, V, F.
c) V, V, F, F, F.
d) F, V, F, V, F.
e) F, F, V, V, V.

3. Considere as afirmações a seguir sobre o processo de extrusão:

   I. O cilindro da extrusora é subdividido em três zonas: zona de alimentação, zona de plastificação e zona de saída, que devem aquecer, plastificar e controlar a saída de material.
   II. A rotação do parafuso dentro do cilindro é responsável pela homogeneização e contribui para a plastificação pelo atrito que gera com o material.
   III. Não é possível extrudar dois polímeros ao mesmo tempo, pois eles se fundiriam.
   IV. As necessidades do setor de embalagens contribuíram para a evolução do processo de coextrusão, gerando plásticos multicamadas.
   V. O extrudado se resfria dentro da matriz, local em que toma sua forma. Depois de frio, o extrudado é armazenado ou bobinado de acordo com seu formato.

   Assinale a opção que apresenta as alternativas corretas:

   a) I, II, IV e V.
   b) I, II e IV.
   c) III, IV e V.
   d) II, IV e V.
   e) I, II, III, IV e V.

4. Assinale a alternativa **incorreta** quanto ao processo de extrusão.
   a) Por meio da coextrusão, é possível produzir polímeros para embalagens a vácuo, ou com atmosfera modificada.
   b) É possível obter fibras óticas poliméricas com reflexão interna total por meio da coextrusão.
   c) Embalagens de xampu podem ser obtidas pelo processo de extrusão por sopro.
   d) O processo de sopro é concomitante com a extrusão na obtenção de recipientes.
   e) O rebaixo no fundo de recipientes plásticos obtidos por extrusão/sopro permite o posicionamento em operações posteriores.

5. Um dos ensaios mais utilizados na caracterização térmica de polímeros é a análise termogravimétrica (TG). Esse ensaio possibilita o acompanhamento da variação da massa da amostra em função da temperatura e/ou do tempo. Qual das informações listadas **não pode** ser obtida por meio da análise termogravimétrica?
   a) Temperatura de início da decomposição térmica do polímero.
   b) Temperatura de fusão do polímero.
   c) Quantidade de aditivo plastificante presente na amostra.
   d) Determinação da quantidade de segunda fase presente em copolímeros.
   e) Monitoramento das reações de desidratação.

6. Considere as sentenças a seguir a respeito do processo de extrusão por sopro de filmes tubulares:
   I. Por meio da velocidade de extrusão e da pressão de ar, é possível controlar a largura e a espessura do produto formado pelo processo balão.
   II. São possíveis altas taxas de produção em razão do rápido resfriamento e bobinamento da bolha.
   III. O processo de estiramento do filme ocorre no sentido longitudinal e favorece a orientação molecular e o consequente aumento da resistência mecânica.
   IV. O controle da espessura é um fator crítico do processo; deve-se monitorar a temperatura e a viscosidade do material, além do correto posicionamento do anel em relação ao torpedo.
   V. Nesse processo, são obtidos polímeros multicamadas.

   Assinale a opção que apresenta as alternativas corretas:
   a) I, II, III, IV e V.
   b) I e IV.
   c) I, IV e V.
   d) I e V.
   e) II e IV.

Atividades de aprendizagem

Questões para reflexão

1. O setor de transformação de materiais poliméricos é composto por indústrias de grande diversidade, que atuam tanto na produção de insumos para a fabricação de outros bens como na fabricação de produtos finais destinados diretamente ao consumidor. O processo de extrusão pode ser uma etapa intermediária ou a etapa final. Você consegue dar exemplos para cada uma dessas possibilidades referentes ao processo de extrusão?

2. A adição de um agente de expansão durante o processamento de materiais poliméricos contribui para a obtenção de um produto com elevada porosidade. Durante o aquecimento, o agente de expansão se decompõe, liberando gases. Também é possível borbulhar um gás inerte através do material fundido para criar uma estrutura porosa. Entre os polímeros que passam pelo processo de espumação, pode-se citar o poliuretano, a borracha, o poliestireno e o policloreto de vinila. Em quais aplicações esse processo pode ser interessante? Por quê?

Atividade aplicada: prática

1. Analise o texto a seguir.

    Polipropileno biorientado (BOPP) é utilizado como base de fitas adesivas, em álbuns de fotografia, rótulos, revestimentos metalizados de capacitores, embalagens metalizadas a vácuo para produtos alimentícios e sobre embalagens para carteiras de cigarros, revistas, pacotes de produtos alimentícios, caixas de produtos eletroeletrônicos e estojos para CDs e fitas de vídeo. Neste processo, o filme plano é extrudado com uma largura relativamente pequena, sendo estirado longitudinal e transversalmente, até atingir a largura final, várias vezes maiores do que a inicial. A orientação longitudinal ocorre pela tração de rolos puxadores ao final da linha, como no processo plano convencional. A orientação transversal, não realizada no processo convencional, é conseguida através da movimentação diagonal (para frente e para os lados) de grampos que prendem as laterais do filme. Através deste sistema, a largura final do filme costuma ser várias vezes a largura da matriz. (Cefet, 2004, citado por Otterbach, 2011, p. 26)

Com base no texto, responda:

a) A biorientação confere ao filme propriedades mecânicas superiores?

b) Qual outra modalidade de extrusão possibilita filmes biorientados?

Capítulo 3

Termoplásticos

Neste capítulo, conheceremos um dos principais processos de conformação das resinas poliméricas, a moldagem por injeção. Abordaremos os princípios de funcionamento da injetora, a importância do molde para o processo e os parâmetros mais importantes que garantem a qualidade das peças moldadas.

Também veremos como o uso de aditivos pode ampliar a gama de utilização dos materiais poliméricos.

3.1 Injeção

O processo de injeção consiste em forçar o material fundido a preencher uma cavidade com o formato da peça desejada, assemelhando-se ao processo de fundição sob pressão dos metais. Pode ser utilizado para produção em massa de bens de consumo.

Nesse processo, a injetora, que apresenta uma tremonha, ou funil de alimentação, recebe o material granulado (*pellets*) ou em pó e faz a dosagem inicial. O material segue para o cilindro de aquecimento, local em que se inicia o amolecimento e a plastificação. Um êmbolo, ou conjunto rosca-pistão, aplica pressão ao material, direcionando-o ao molde. Este consiste em duas ou mais partes que se unem, alojando uma cavidade com formato preestabelecido do produto. No seu interior, o material injetado vai se resfriando até que o molde se abra para a extração da peça.

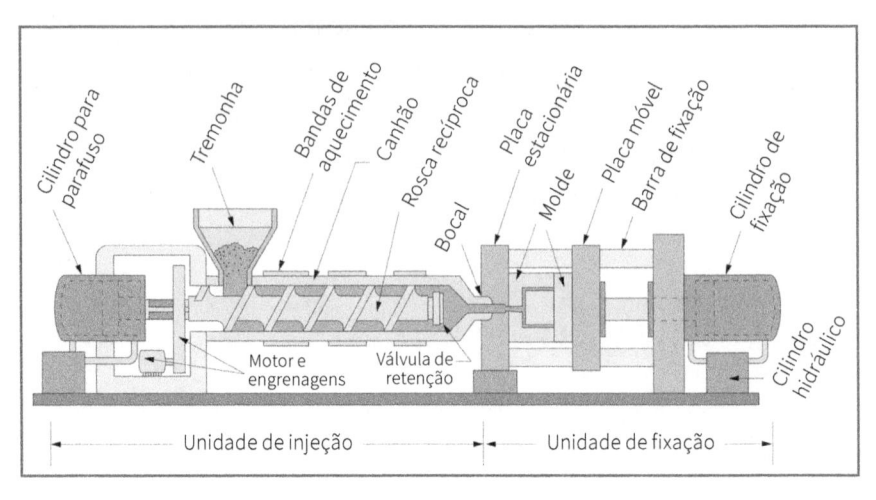

Figura 3.1 – Representação esquemática de uma injetora de polímeros

A injetora apresenta algumas semelhanças com a extrusora, como o sistema de parafuso ou rosca, que auxilia na plastificação do material pela ação cisalhante combinada ao aquecimento do cilindro. Uma diferença é que, na injetora, há uma válvula de retenção ou um anel de bloqueio no fim da rosca, que regula a passagem do material fundido e impede o refluxo após a injeção.

A geometria da rosca depende do comportamento reológico, ou de escoamento dos fluidos, dos polímeros que serão processados. Para materiais de alta viscosidade, costuma-se usar canais menos profundos. Em geral, o passo da rosca é constante e é possível distinguir as zonas de alimentação, de plastificação ou fusão e de compressão ou saída.

Figura 3.2 – Partes de uma rosca

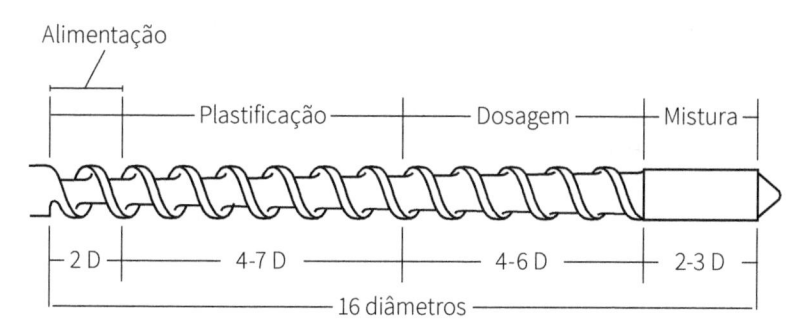

```
        Alimentação
            ↓
|——|——— Plastificação ———|——— Dosagem ———|— Mistura —|
  [rosca ilustrada]
|—2 D—|————4-7 D————|————4-6 D————|— 2-3 D —|
       |—————————— 16 diâmetros ——————————|
```

Na zona de alimentação, os filetes têm profundidade uniforme e fornecem a quantidade suficiente de grãos à seção de plastificação. Nessa seção, iniciam-se a compressão, a fusão e a homogeneização do material, diminuindo a profundidade do filete. Na última seção, os filetes são mais rasos – seu objetivo é completar a fusão e a mistura do polímero de modo a se obter uma máxima homogeneidade, tanto térmica quanto física.

A razão de compressão de uma injetora é a relação entre os volumes de um canal na seção de alimentação e de um canal da seção de compressão. As razões de compressão de injetoras comerciais costumam variar entre 1,5:1 e 4,5:1, e roscas com elevada razão de compressão operam com menores velocidades quando comparadas às roscas de baixa razão de compressão. O comprimento da rosca é usualmente expresso pela relação L/D, em que *L* é o comprimento da rosca e *D* é o maior diâmetro.

A pressão requerida pelo equipamento depende do tipo de material a ser processado e de sua viscosidade – polietileno e *nylon* têm menor viscosidade e requerem menor pressão do que os acrílicos, por exemplo. Os sistemas de pressão podem ser do tipo elétrico, hidráulico ou misto, sendo responsáveis pela força de fechamento do molde e pelo acionamento da rosca, na sua rotação ou no movimento linear. A força de fechamento do molde, F, deve ser suficiente para aguentar a pressão de injeção e obedece à seguinte relação:

$$F > p_m \cdot A = p_c \cdot a$$

Em que:

p_m = pressão nas cavidades do molde

A = área das cavidades

p_c = pressão na extremidade do cilindro

a = área da seção transversal do cilindro

A força de fechamento do molde é um parâmetro de seleção da injetora. Pode variar de 30 t a mais de 1.000 t, dependendo do tamanho máximo do molde e da pressão no momento da injeção. Outros parâmetros de seleção compreendem a capacidade de injeção em volume e a capacidade de plastificação do conjunto.

O bocal, ou tubeira, é o ponto de encontro entre o cilindro e o molde e limita a passagem do material fundido. É dotado de sistema de aquecimento, de modo a ajustar a temperatura e, consequentemente, a viscosidade ideal de injeção para cada polímero. Pode ter sistema de válvulas ou filtros para conter o fluxo de material. A válvula de retenção será imprescindível quando a viscosidade do material for baixa, a pressão de injeção for alta e/ou a relação L/D da rosca for pequena (Blass, 1985; Harada, 2004; Rodolfo Jr.; Nunes; Ormanji, 2006).

3.1.1 Capacidade produtiva

A escolha do equipamento adequado para cada caso passa pelos seguintes dados técnicos: **capacidade de injeção** e **capacidade de plastificação**.

A capacidade de injeção, C_i, é o máximo de material que pode ser moldado a cada ciclo de injeção – peso da(s) peça(s) mais os canais de injeção e de distribuição. Costuma ser dado em gramas de poliestireno, pois esse polímero apresenta densidade próxima de 1 g/cm³ à temperatura ambiente. Para materiais diferentes, deve ser feita uma correção com base na seguinte fórmula:

$$C_i = \frac{C_{ip} \cdot \gamma \cdot V_p}{\gamma_p V}$$

Em que:

C_{ip} = capacidade de injeção do material padrão (poliestireno)

γ e γ_p = pesos específicos do material de interesse e do poliestireno

V_p e V = fatores volumétricos

A capacidade de plastificação, C_p, é a quantidade de material que a injetora pode levar à temperatura de moldagem em uma hora. Novamente, é referida em relação a um material padrão (poliestireno). Para outros materiais, usa-se a fórmulaa seguir:

$$C_p = \frac{C_{pp} \cdot Q_p}{Q}$$

Em que:

C_{pp} = capacidade de plastificação do poliestireno

Q_p e Q = quantidades de calor específico (calor latente) do poliestireno e do material em questão

Portanto, a capacidade de plastificação relaciona-se com o potencial de aquecimento da injetora. Costuma-se trabalhar sempre abaixo desse valor para que não haja sobrecarga do equipamento.

Por fim, existem injetoras pequenas, com capacidade de injeção de 60 g e força de fechamento de 150 t; injetoras médias, com capacidade de injeção de 150 g e força de fechamento entre 220 t e 350 t; ou ainda injetoras de grande porte, com capacidade de injeção de 300 g e força de fechamento de 400 t (Blass, 1985; Harada, 2004).

3.2 Moldes para injeção

Uma vez definido o projeto do produto e suas especificações técnicas, parte-se para a confecção do respectivo molde de injeção. Para algumas peças, os aspectos estéticos são fundamentais; em outros casos, as propriedades mecânicas são mais importantes. Tudo isso deve ser levado em consideração no projeto do molde; a contração da peça após a moldagem também deve ser contemplada no projeto, assim como as tolerâncias dimensionais.

Sempre que possível, busca-se simplificar o projeto, desde que se mantenha a função à qual se destina o produto. Paredes com espessuras uniformes são preferidas, pois seu resfriamento é mais homogêneo. Paredes maciças ou muito grossas podem levar a defeitos de solidificação. Paredes de menor espessura podem ser reforçadas com nervuras para aumentar a resistência da peça. Os furos, se houver, devem se situar longe das nervuras. Quando viável, arestas e cantos devem ser arredondados para evitar pontos de concentração de tensões.

A linha de separação das duas metades do molde e o ponto de entrada de injeção costumam deixar marcas na peça, por isso devem ser posicionados no centro ou nas arestas. Para minimizar defeitos superficiais, o ponto de injeção deve se localizar na parte mais espessa da peça; e paredes mais finas devem ser preenchidas por último, pois o resfriamento será mais rápido, podendo restringir o fluxo de material. Em peças longas de paredes finas, podem ser necessários mais pontos de injeção, do contrário a pressão requerida seria muito elevada. A Figura 3.3, a seguir, ilustra o posicionamento do bico de injeção no molde e um molde aberto com o produto injetado e os canais de alimentação.

Figura 3.3 – Desenho esquemático de molde de cavidade única e de molde de múltiplas cavidades

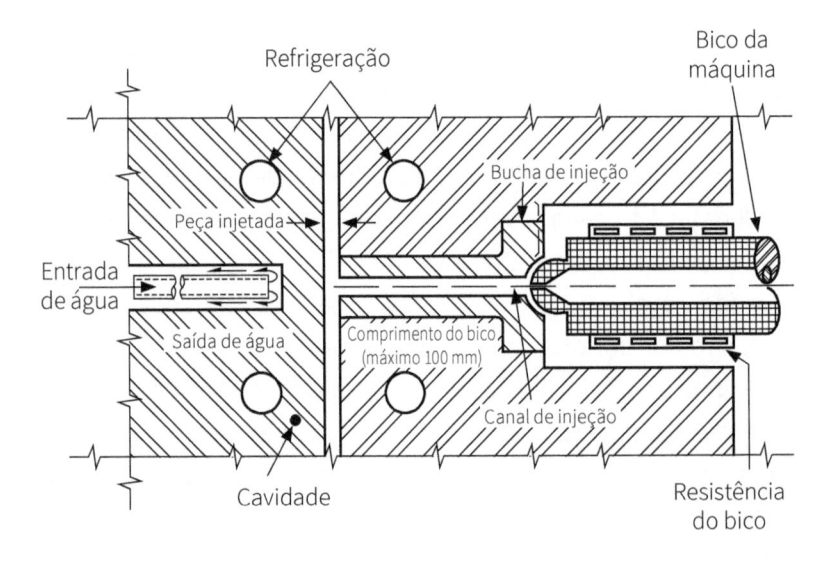

(A)

(B)

Petr Bonek/Shutterstock

Conforme o tamanho e o formato da peça, assim como da capacidade da injetora, pode-se considerar o número de cavidades do molde. Peças grandes ou pequenas produções pedem moldes de cavidade única. Peças pequenas e de grande produção requerem moldes de cavidades múltiplas, que permitem moldar mais de uma peça em cada ciclo de injeção. Nesses casos, os canais de alimentação direcionam o fluxo de material fundido que sai da bucha de injeção com direção às cavidades. O posicionamento das cavidades deve ser simétrico quanto ao ponto de injeção, de modo que todas as cavidades sejam preenchidas simultaneamente. Para ilustrar, vamos analisar a disposição das cavidades e os caminhos do material injetado para preenchê-las na Figura 3.4, a seguir.

Figura 3.4 – Disposição das cavidades

(A)

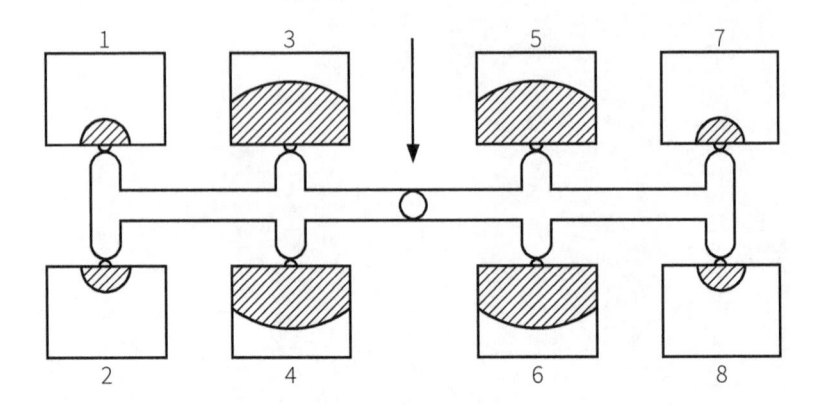

(B)

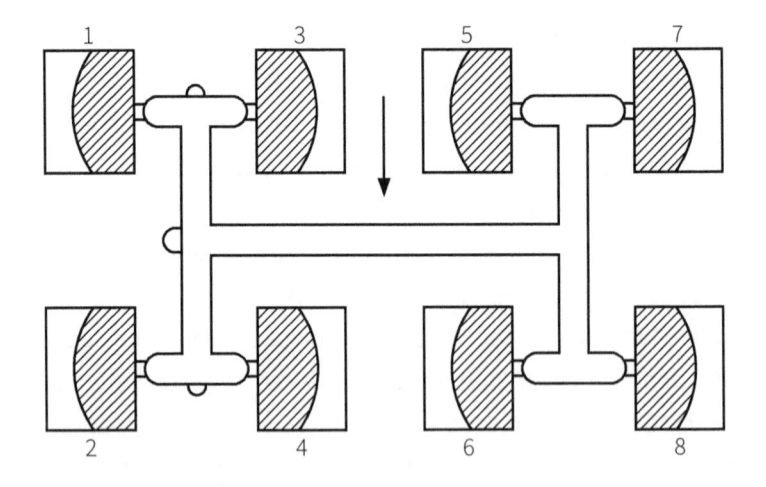

Na primeira imagem da Figura 3.4, a diferença no preenchimento das cavidades causará diferenças nas propriedades das peças, afinal, as cavidades ao centro serão preenchidas primeiramente, e o canal de distribuição excessivamente longo pode levar ao resfriamento do fundido e gerar queda de pressão nas suas extremidades enquanto a pressão é elevada no canal de injeção. Para equalizar as propriedades das peças, a segunda imagem mostra a disposição mais adequada, em que todas as cavidades são preenchidas simultaneamente.

Os moldes são montados em placas de aço, uma fixa e outra deslizante. Uma placa aloja a cavidade fêmea e a outra, um punção macho. Pode haver ainda uma terceira placa, dita *central* ou *flutuante*, que auxilia na extração da peça moldada e do sistema de distribuição, uma parte de cada lado.

Os aços para moldes devem ser fáceis de usinar e resistentes às tensões para suportar as elevadas pressões de moldagem. É regra geral que as partes do molde sujeitas ao atrito e em contato com o polímero fundido recebam tratamento superficial para aumento da sua dureza. Essa elevada dureza superficial permite suportar a vazão sob pressão em regiões de fluxo restrito, resistir ao desgaste de produções em grande escala e manter a superfície bem polida para propiciar um bom acabamento nas peças e facilitar sua extração. Tratamentos de superfície usuais de aumento da dureza em moldes são a têmpera ao ar ou óleo e a cementação. Polímeros de alta abrasividade, como PC,

PEEK e PPS (polissulfeto de fenileno), ou polímeros com reforço, como fibra de vidro e/ou outros minerais, pedem maior dureza superficial quando comparados a polímeros de baixa e média abrasividades.

Em moldes convencionais, os canais do sistema de alimentação e distribuição do material fundido tornam-se refugo de processo após a desmoldagem da peça. Isso pode ser evitado ao se utilizar moldes com câmara quente, que mantêm a temperatura elevada e o material fundido no intervalo entre os ciclos. É adequado para alta escala de produção em moldes com múltiplas cavidades.

Em muitos casos, o molde conta com um sistema de resfriamento para acelerar a solidificação e a extração da peça injetada. Esse sistema é composto por dutos internos ao molde nos quais circula água refrigerada ou ar comprimido. A entrada de água fria deve estar na parte mais afastada do ponto de injeção, de modo que a última parte resfriada seja o canal de alimentação, evitando-se defeitos como bolhas e chupagens (Blass, 1985; Harada, 2004).

3.3 Processo de injeção

O processo de injeção consiste de um ciclo com seis etapas, descritas no Quadro 3.1, a seguir.

Quadro 3.1 – Etapas do processo de injeção

Etapa	Descrição	Observação
Fechamento do molde	O molde é fechado e travado.	Travamento para suportar a pressão de injeção.
Dosagem	Ocorrem a rotação da rosca e o aquecimento do cilindro para plastificar e homogeneizar o material a ser injetado.	Parâmetros de controle: temperatura do cilindro, velocidade de rotação da rosca e contrapressão da rosca.
Injeção	O movimento linear de avanço da rosca e o bloqueio do contrafluxo forçam o fundido a ocupar a(s) cavidade(s) do molde.	Parâmetros de controle: pressão e velocidade de injeção.
Recalque	É feita a manutenção da pressão de injeção até a solidificação dos pontos de injeção.	Tempo e pressão necessários para compensar a contração da peça durante o resfriamento.
Resfriamento	O molde é fechado sem pressão para resfriamento da peça. Paralelamente, na rosca, inicia-se nova dosagem.	A peça deve ter resistência mecânica para ser extraída sem perda de dimensões.
Extração	O molde é aberto, e a peça é ejetada mecânica ou manualmente.	Pode ser usado ar comprimido ou extratores (hidráulicos ou elétricos).

A Figura 3.5, a seguir, mostra algumas das etapas apresentadas no Quadro 3.1.

Figura 3.5 – Etapas de dosagem, injeção e extração do ciclo de moldagem

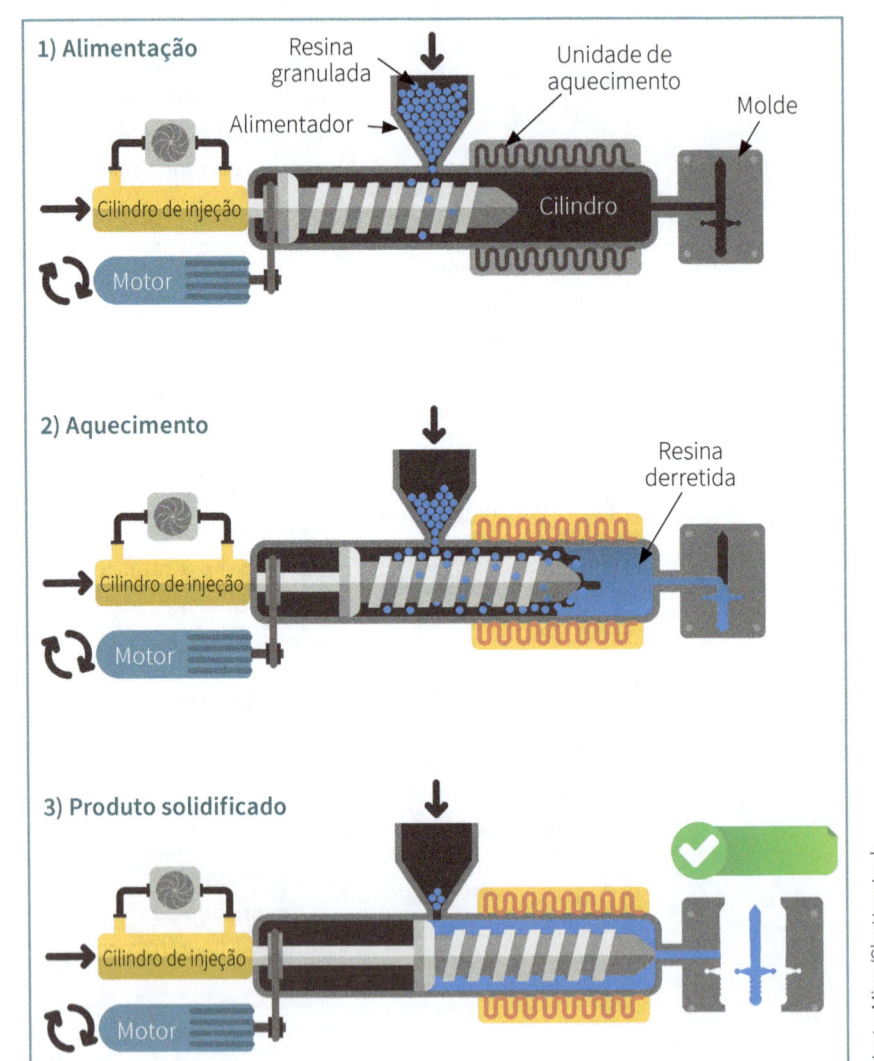

VectorMine/Shutterstock

O tempo do ciclo de moldagem define a produtividade do equipamento e depende de algumas variáveis, tais como: características geométricas do produto (peso, espessura, área de contato com o molde), que impactam na duração e na velocidade de injeção; tempo de resfriamento, que depende das características térmicas do polímero e do tamanho da peça; material do molde e do sistema de resfriamento (se houver).

O aumento da velocidade de rotação da rosca promove maior velocidade de injeção, maior cisalhamento e homogeneização do material, porém com maior solicitação térmica para o polímero.

Durante o resfriamento, a contração do moldado é comum à maioria dos materiais, mas deve ser minimizada, de modo a evitar rechupes e outras imperfeições na peça. Daí a importância da etapa de recalque, com a manutenção da pressão de injeção e o ajuste dos demais parâmetros de injeção. É preciso encontrar um balanço entre a pressão e a velocidade de injeção para minimizar possíveis defeitos de produto e, assim, garantir uma boa produtividade (Blass, 1985; Rodolfo Jr.; Nunes; Ormanji, 2006).

Curiosidade

Injeção seguida de sopro para fabricação de garrafas PET

A fabricação de garrafas PET para bebidas carbonatadas é usualmente feita em duas etapas. Primeiro, é injetada uma pré-forma; depois, as pré-formas aquecidas são sopradas em um molde pra que atinjam sua forma final.

As duas etapas podem ser realizadas em uma mesma máquina de sistema integrado ou no sistema de dois estágios:

primeiro ocorre injeção da pré-forma e, em seguida, esta é transportada até o local de sopro.

Figura 3.6 – Pré-formas injetadas para garrafas PET

Pixel B/Shutterstock

A injeção das pré-formas permite a execução do gargalo com ótimo acabamento, incluindo a rosca, determinando a característica de vedação tão importante para a embalagem de bebidas carbonatadas. O sopro é feito entre 90 °C e 100 °C, acima de Tg, com ar comprimido, que força a pré-forma a tomar a forma do molde, resultando em um estiramento axial e radial.

Dentro do molde, circula água gelada. O grau de estiramento durante o sopro e a velocidade de resfriamento impactam diretamente nas características finais de resistência do produto.

O PET pode apresentar estrutura amorfa ou cristalina conforme a velocidade de resfriamento e as características desejadas para o produto final. O PET amorfo é muito puro e de alta massa molar; apresenta boa resistência ao impacto, boa transparência e baixa tendência a se cristalizar. O PET cristalino contém aditivos – mesmo impurezas ou cargas minerais são utilizadas como agentes nucleantes de cristalização – e tem altas resistência mecânica e dureza superficial. Em ambos os casos, são necessárias etapas de secagem e desumidificação para o correto processamento, por conta da elevada higroscopicidade do material. Ainda pode ser necessária uma etapa posterior de cristalização (Wiebeck; Harada, 2005).

3.4 Materiais utilizados

Algumas etapas são comuns aos diversos tipos de conformação de materiais plásticos, como a necessidade de incorporação de aditivos às formulações poliméricas, a secagem do material granulado antes da utilização e a reciclagem de refugos. Essas questões serão tratadas a seguir.

3.4.1 Aditivos

A larga utilização dos materiais poliméricos é possível em razão da combinação de materiais distintos, formando materiais compósitos, e também em virtude da modificação de polímeros já existentes por meio de aditivos. Segundo Rabello (2000, p. 15):

Os aditivos têm exercido uma função técnica importante neste desenvolvimento, desde a etapa de polimerização até a alteração de importantes propriedades finais dos polímeros originais. Através da escolha e dosagem adequadas dos componentes, pode-se obter materiais poliméricos feitos sob medida (*tailor-made*) para aplicações específicas.

Os aditivos podem exercer diversas funções. As mais relevantes relacionam-se à modificação das propriedades finais do produto, como aumento da rigidez ou da flexibilidade, redução do custo com matérias-primas no caso das cargas de enchimento e aumento da estabilidade do material durante o processamento e/ou durante sua vida útil.

Existem também os aditivos auxiliares de polimerização, como catalisadores, iniciadores e agentes de reticulação; e os auxiliares de processamento, como lubrificantes, auxiliares de fluxo e solventes. Os lubrificantes têm por função reduzir a fricção interna (entre as moléculas) ou externa (entre as paredes da extrusora) e, assim, facilitar o processamento.

Em relação às propriedades finais, existem os aditivos antiestáticos (dissipam cargas elétricas estáticas); retardantes de chama (reduzem a combustibilidade dos polímeros, para construção civil e automobilística); de pigmentos; plastificantes (aumentam a flexibilidade); agentes de reticulação para termoplásticos (aumentam a temperatura de uso e resistência química); agentes de expansão físicos ou químicos (liberam compostos voláteis no processamento e promovem porosidade);

nucleantes (aceleram a cristalização); e de cargas (de reforço ou de enchimento).

É comum que um aditivo tenha outros efeitos além dos esperados, que podem ser adversos ou sinérgicos. Por exemplo, o negro de fumo (*carbon black*) atua como pigmentação e estabilizante da radiação ultravioleta e também aumenta a resistência à tração e o módulo elástico. Já no caso da adição de fibras de vidro como carga de reforço, torna-se necessária a utilização de aditivos lubrificantes e antioxidantes para facilitar o processamento, além de alterarem a pigmentação e aumentarem a rigidez do produto final, requerendo o uso de modificadores de impacto.

A escolha do tipo e da quantidade de aditivos adicionados aos polímeros deve ser bastante criteriosa e requer experimentos em laboratório e em campo. Os aditivos devem ser estáveis nas condições de processamento e de serviço, de fácil dispersão, de baixo custo e atóxicos; não devem sofrer migração (em geral, mas há exceções, como os antiestáticos); nem provocar gosto nem odor, especialmente em aplicações hospitalares, brinquedos e embalagens alimentícias (Rabello, 2000).

3.4.2 Secagem

Durante as etapas de transformação e posterior armazenagem, os materiais plásticos podem absorver umidade atmosférica. Essa umidade, se não removida, pode causar defeitos nas peças moldadas, como manchas, escamas ou bolhas. Em muitos casos, é necessária uma etapa de secagem prévia à moldagem, seja na moldagem por extrusão, seja na moldagem por injeção. O tempo e a temperatura de secagem variam conforme o tipo de polímero; vão desde 90 min a 70 °C para o PVC até 360 min a 170 °C para o PET amorfo, pois este tem grande afinidade com a água.

A secagem pode ser realizada em estufas de bandeja, secadores de ar circulante, funis secadores, centrais de secagem ou desumidificadores. No caso de materiais nos quais a umidade é superficial, como PP, PE ou PS, a secagem com ar quente em estufas é suficiente. Nesse tipo de equipamento, o ar ambiente é aspirado, aquecido até uma temperatura específica (varia para cada tipo de material) e, em seguida, sopra-se um volume elevado de ar no material granulado, fazendo evaporar a umidade aderida.

Materiais poliméricos higroscópicos, como ABS, PA, PC, PMMA e PET, além da ocorrência de umidade superficial, podem formar interações de hidrogênio entre sua estrutura e suas moléculas de água, necessitando uma secagem mais rigorosa. Nesses casos, a secagem com ar seco é a mais recomendada; nela, peneiras moleculares retiram a umidade do ar e este permanece em circuito fechado circulando entre os grânulos poliméricos (Harada, 2004).

3.4.3 Reciclagem primária

A reciclagem primária faz o reaproveitamento das sobras de processo da unidade transformadora de polímeros. Essa reciclagem costuma ser realizada dentro da própria indústria geradora ou em empresas especializadas. As sobras de processo, se isentas de contaminantes, são moídas e eventualmente extrudadas para filtragem dos contaminantes e obtenção de grânulos de tamanho padrão.

É comum que seja misturado material virgem com material reaproveitado para que haja uma adequação da viscosidade na alimentação da rosca, e é importante que as dimensões dos materiais sejam similares para que sejam amolecidos a uma mesma taxa (Rodolfo Jr.; Nunes; Ormanji, 2006).

3.5 Reciclagem de termoplásticos

A reciclagem é o processo por meio do qual materiais descartados, aparentemente sem valor, são usados na cadeia produtiva em substituição à matéria-prima virgem. Esse processo pode ser realizado quando há viabilidade técnica e econômica, contribuindo para o desenvolvimento sustentável. Ajustes na formulação, com a incorporação de aditivos, permitem a manufatura de produtos plásticos feitos com material reciclado. Segundo Mano, Pacheco e Bonelli (2005, p. 135):

> Os principais benefícios da reciclagem de plásticos são: a redução do volume descartado em vazadouros e aterros sanitários; a preservação dos recursos naturais; a diminuição da poluição; a economia de energia; a geração de empregos; além de ser amplamente aceita pela população.

Como mencionado anteriormente, a **reciclagem primária** pode acontecer na própria planta de processamento de termoplásticos, com o reaproveitamento de aparas de processo.

A **reciclagem secundária** é realizada após o uso dos produtos manufaturados, passando por coleta, triagem, limpeza e reprocessamento mecânico. Também chamada de *reciclagem mecânica*, é amplamente difundida no Brasil, sendo viabilizada por meio da coleta seletiva e dos catadores de material reciclável.

Já a **reciclagem terciária** é um processo predominantemente químico que parte de material descartado. Com a quebra das moléculas – por reações de solvólise, pirólise ou degradação termo-oxidativa –, gera monômeros de origem ou produtos petroquímicos de base, como gases e combustíveis. O PET é um dos poucos polímeros que tem sido reciclado dessa maneira para obtenção dos seus monômeros de base: ácido tereftálico e etilenoglicol. Segundo Mano, Pacheco e Bonelli (2005, p. 137), "a reciclagem química é mais adequada a tipos complexos de resíduo plástico, que ainda não dispõem de tecnologia de reciclagem adequada, tais como carpetes, materiais têxteis, fios e cabos, materiais leves e resíduos hospitalares".

Por fim, a **reciclagem quaternária** é o aproveitamento enérgico dos resíduos utilizados como combustível em plantas de incineração controlada para gerar calor e/ou vapor. Esse tipo de reciclagem pode ser a melhor alternativa para o descarte de resíduos que apresentem risco à saúde, como embalagens de agrotóxicos e resíduos hospitalares. O valor energético gerado depende do tipo de material incinerado e de sua entalpia de combustão, isto é, da energia liberada na forma de calor quando determinado material é queimado. A presença de umidade na forma de resíduos orgânicos diminui bastante o valor comburente dos materiais incinerados (Mano; Pacheco; Bonelli, 2005).

3.5.1 Coleta seletiva e os desafios da reciclagem secundária

A Associação Brasileira de Normas Técnicas (ABNT), por meio da NBR 13230 (2008), padronizou a simbologia para plásticos recicláveis com numeração correspondente, como mostra a Figura 3.7.

Figura 3.7 – Símbolos de reciclagem para plásticos e seus respectivos significados

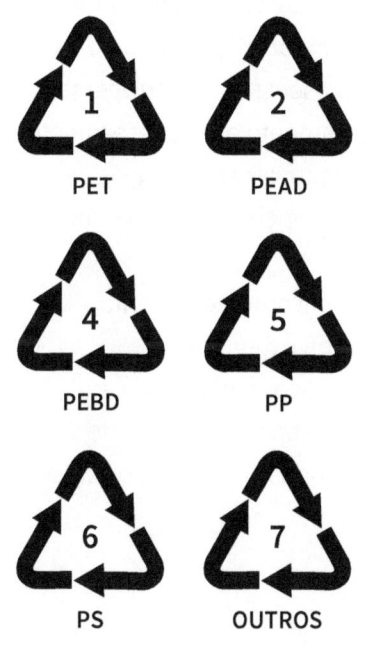

1. Poli (tereftalato de etileno)
2. Polietileno de alta densidade
3. Poli (cloreto de vinila)
4. Polietileno de baixa densidade
5. Polipropileno
6. Poliestireno
7. Outros

Kovalov Anatolii/Shutterstock

Apenas 15% dos municípios brasileiros têm coleta seletiva para material reciclável e estima-se que o país recicle apenas 1% de todo o plástico consumido, o que contabiliza 615 mil toneladas anuais. As recicladoras encontram dificuldades para processar os materiais, tais como falta de padronização na composição de determinadas embalagens e a mistura de componentes em embalagens multifoliadas (Olivatto et al., 2018).

Segundo Coltro, Gasparino e Queiroz (2008), no caso das embalagens multifoliadas, obtidas por coextrusão e/ou laminação, devem ser indicados os dois principais materiais da composição, pois certos processos de reciclagem mecânica permitem a mistura de componentes sem a necessidade de separação das camadas.

O processamento pós-consumo de plásticos de diferentes classes, quando misturados, resulta em produtos com baixo desempenho mecânico, pois há incompatibilidade entre as matérias-primas. Duas opções se apresentam: uso de agentes compatibilizantes durante o processamento ou processamento em separado. PEBD e PEAD são compatíveis entre si; e os demais não devem ser misturados, porque são incompatíveis (Mano; Pacheco; Bonelli, 2005).

Para que a reciclagem seja economicamente sustentável, pode ser necessário haver subsídios ou estímulos governamentais, a exemplo do que já ocorre na Europa, nos Estados Unidos e no Japão, países que empregam grande quantidade de material reciclado na indústria automobilística.

A Figura 3.8, a seguir, mostra as etapas da reciclagem, com a separação das diferentes classes de material plástico.

Figura 3.8 – Etapas da reciclagem

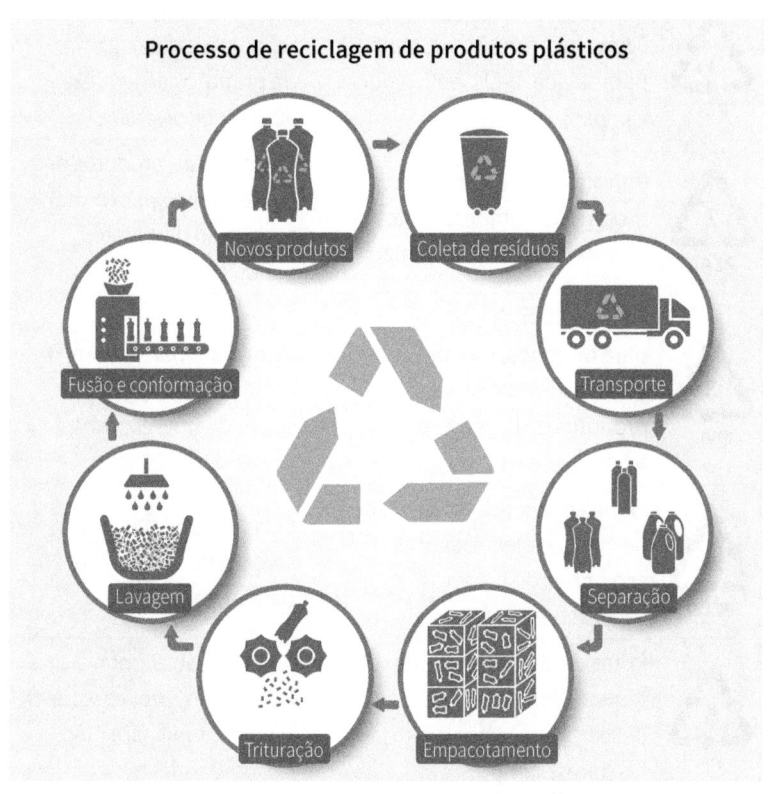

Processo de reciclagem de produtos plásticos

- Novos produtos
- Coleta de resíduos
- Transporte
- Separação
- Empacotamento
- Trituração
- Lavagem
- Fusão e conformação

Part of Design/Shutterstock

Cada tipo de polímero reciclado possibilita que determinados produtos sejam fabricados. O Quadro 3.2 apresenta alguns exemplos.

Quadro 3.2 – Alguns produtos obtidos pela reciclagem de polímeros

Resina	Aplicação	Reciclagem
1 PET	Garrafas para refrigerante, água, óleo comestível, molho para salada, antisséptico bucal, xampu.	Fibra para carpete, tecido, vassoura, embalagem de produtos de limpeza, acessórios diversos.
2 PEAD	Garrafas para iogurte, suco, leite, produtos de limpeza, potes para sorvete, frascos para xampu.	Frascos para produtos de limpeza, óleo para motor, tubulação de esgoto, conduíte.
3 PVC	Filmes estiráveis, berços para biscoitos, frascos para antisséptico bucal, xampu, produtos de higiene pessoal, *blister*.	Mangueira para jardim, tubulação de esgoto, cones de tráfego, cabos.
4 PEBD	Filme encolhível, embalagem flexível para leite, iogurte, saquinhos de compras, frascos *squeezable*.	Envelopes, filmes, sacos, sacos para lixo, tubulação para irrigação.
5 PP	Potes para margarina, sorvete, tampas, rótulos, copos descartáveis, embalagem para biscoitos, xampu.	Caixas e cabos para bateria de carro, vassouras, escovas, funil para óleo, caixas, bandejas.

(continua)

(Quadro 3.2 – conclusão)

Resina	Aplicação	Reciclagem
6 PS	Copos descartáveis, pratos descartáveis, pote para iogurte, bandejas, embalagem para ovos, acolchoamento.	Placas para isolamento térmico, acessórios para escritório, bandejas.
7 OUTROS	Embalagem multicamada para biscoitos e salgadinhos, mamadeiras, CD, DVD, utilidades domésticas.	Madeira plástica, reciclagem energética.

Fonte: Coltro, Gasparino e Queiroz, 2008, p. 121.

É imprescindível que todas as esferas da sociedade participem ativamente do gerenciamento dos resíduos sólidos, seja na **redução** do consumo de plásticos, seja na **reutilização**, quando possível, de artefatos plásticos. Por fim, deve ser realizado o encaminhamento do material para a **reciclagem**, cumprindo a política dos 3R, uma campanha voltada à sustentabilidade que compreende as ações de **reduzir**, **reutilizar** e **reciclar**. Ainda é possível ir além ao se adotar a política dos 5R, que acrescenta o **repensar** e o **recusar** – ou seja, refletir sobre os hábitos de consumo e até mesmo recusar determinados itens que não tenham um compromisso com o meio ambiente na sua manufatura ou que apresentem riscos ao planeta.

Síntese

Neste capítulo, vimos que a injeção de polímeros é um processo de produção em massa que pode ser completamente automatizado quando se utilizam moldes com sistema de extração.

Conhecemos o sistema de rosca-pistão, bastante usual nas injetoras atuais, responsável pelo transporte do material fundido para que este ocupe o molde. O molde contém a(s) cavidade(s) a ser(em) preenchida(s), pode ser dotado de sistema de resfriamento e deve ter projeto adequado para facilitar o preenchimento e otimizar o uso de material.

Quanto ao processo de injeção, vimos que ele consiste nas fases de fechamento do molde, dosagem, injeção, recalque, resfriamento e extração. Cada etapa tem sua importância no sucesso dos produtos injetados, sendo inter-relacionadas com as variáveis do processo, como velocidade e pressão de injeção. Além disso, é preciso atentar aos parâmetros de escolha de injetoras, que podem ser a capacidade de plastificação e a capacidade de injeção.

Também tratamos da aditivação, uma etapa importante na transformação dos polímeros. É comum que se adicionem cargas, plastificantes, lubrificantes e estabilizadores para melhorar o processamento e o uso posterior. Por fim, vimos que as aparas podem ser recicladas dentro do processo após uma etapa de moagem.

Atividades de autoavaliação

1. Quanto ao processo de injeção, é possível afirmar:
    I. A injeção de termoplásticos é um processo contínuo cujo resultado são produtos contínuos de seção constante.
    II. Durante a injeção dos termoplásticos, há uma etapa chamada *fase de preenchimento do molde*, que se divide em três estágios: preenchimento do molde propriamente dito, pressurização e recalque. Nessa etapa, acontece o ponto de comutação, que é a passagem da pressão de injeção para a pressão de recalque.
    III. A injeção é um processo intermitente, e a duração de cada ciclo depende principalmente do tipo de matéria-prima utilizada.
    IV. A moldagem por injeção é bastante utilizada para a produção de peças ricas em detalhes e de geometria complexa.
    V. A pressão de fechamento do molde é um parâmetro importante, e seu correto dimensionamento evita a formação de rebarbas nas peças.

    Assinale a opção que contém as alternativas corretas:
    a) I, II, III, IV e V.
    b) I, II e IV.
    c) I, II, IV e V.
    d) IV e V.
    e) II, IV e V.

2. Sobre a capacidade de injeção, qual das afirmativas a seguir está correta?
   a) É a quantidade de material plástico a ser injetado.
   b) É definida como o volume total em litros de material a ser injetado.
   c) É a quantidade máxima de material que a injetora pode homogeneizar em um período de tempo.
   d) É definida como o peso máximo de material, expresso em pascal, que pode ser injetado.
   e) É a quantidade máxima, em gramas, de material que pode ser injetado por ciclo.

3. Assinale a alternativa correta a respeito dos moldes do processo de injeção.
   a) A presença de nervuras em peças pouco espessas não é recomendada.
   b) Cantos vivos e arestas são permitidos, pois a injeção é o processo mais indicado para peças de geometria complexa.
   c) O ponto de injeção e a linha divisória dos moldes são invisíveis na peça final, desde que sejam respeitados os parâmetros de processo.
   d) Em moldes de múltiplas cavidades, os canais de alimentação devem ser dimensionados de modo a garantir o preenchimento simultâneo das cavidades.
   e) Moldes dotados de câmara quente são os mais indicados para pequena escala de produção.

4. A resolução de problemas durante o processo de injeção deve considerar os parâmetros de máquina, do molde ou da matéria-prima. Um problema muito comum são as rebarbas na peça. Das alternativas listadas a seguir, assinale aquela que **não** pode ser associada à formação de rebarbas.
   a) Alinhamento falho entre as duas partes do molde.
   b) Fluxo de material muito alto.
   c) Pressão de injeção muito baixa.
   d) Pressão de fechamento inadequada.
   e) Temperatura do material muito alta.

5. Injetoras de êmbolo foram os primeiros modelos desse tipo a surgir. Porém, apresentavam perda de pressão e falta de homogeneidade da resina. A incorporação do parafuso no cilindro da injetora permite uma homogeneização da resina e uma melhor dosagem da quantidade de material a ser injetado. Sobre esse processo, analise se as afirmações a seguir são verdadeiras (V) ou falsas (F).
   ( ) O ciclo de injeção compreende as etapas de fechamento do molde, dosagem, injeção, recalque, resfriamento e extração.
   ( ) A pressão de injeção deve ser suficiente para que o polímero ocupe todas as cavidades do molde.
   ( ) O bocal permite uma separação fácil entre o moldado e o material quente contido no cilindro.
   ( ) A velocidade e a pressão de injeção não dependem do material e devem ser o mais altas possível para aumentar a produtividade do equipamento.
   ( ) O tamanho da injetora deve ser escolhido conforme a quantidade de material injetado em cada ciclo.

Agora, assinale a alternativa que contém a sequência correta.
a) V, V, F, F, V.
b) V, F, V, F, F.
c) V, V, V, F, V.
d) F, V, F, V, F.
e) V, F, V, V, F.

6. Para determinar a força necessária para manter o molde fechado durante o processo de injeção de polímeros termoplásticos, devem ser considerados(as):
    a) o volume das peças e dos canais de distribuição, bem como a pressão de injeção.
    b) a pressão de injeção e a velocidade de injeção.
    c) a temperatura do molde, a dosagem da máquina injetora e a pressão de injeção.
    d) o tamanho das placas de fixação do molde, a pressão de injeção e o volume da(s) cavidade(s).
    e) a(s) área(s) projetada(s) da(s) cavidade(s) e os canais de distribuição, bem como a pressão do polímero dentro do molde.

7. Indique se as afirmações a seguir são verdadeiras (V) ou falsas (F).
    ( ) Os polímeros são aditivados para melhorar suas características mecânicas e de processamento.
    ( ) Lubrificantes são aditivos que auxiliam no processamento dos polímeros, pois facilitam o escoamento destes nas máquinas sem que seja necessária uma elevação muito grande de temperatura.

( ) Plastificantes são aditivos de processamento, pois reduzem a fricção interna entre as cadeias, facilitando o processamento.
( ) Cargas, pigmentos e antiestáticos são exemplos de aditivos poliméricos.
( ) Estabilizantes são aditivos que reagem facilmente quando expostos à radiação ultravioleta, preservando as ligações da cadeia polimérica principal.

Agora, assinale a alternativa que contém a sequência correta.

a) V, V, F, F, V.
b) F, F, V, V, F.
c) V, V, F, V, V.
d) F, V, F, V, F.
e) V, F, V, V, F.

Atividades de aprendizagem
Questões para reflexão

1. O tamanho do molde de injeção depende do número de cavidades, do custo da peça e da máquina injetora disponível. A utilização de um molde com cavidades múltiplas reduz o custo de mão de obra direta, mas o preço do molde será maior. O custo da hora-máquina também será maior em razão da depreciação da máquina injetora. Que outros fatores devem ser levados em consideração na escolha da quantidade de cavidades do molde?

2. O polissulfeto de fenileno (PPS) é considerado um plástico de engenharia, apresenta excelentes propriedades térmicas, mecânicas e químicas e é utilizado em peças automotivas expostas a temperaturas elevadas, a fluidos corrosivos e a tensões mecânicas. Considere a tabela a seguir, com os parâmetros de injeção para o PPS.

Tabela 3.1 – Parâmetros de injeção do PPS

Secagem	4 h a 130-140 °C (obrigatória)
Teor máximo de umidade	0,04%
Rosca da injetora – razão L/D	De 16:1 a 24:1
Taxa de compressão	De 3:1 a 4:1
Temperatura de processamento	De 270 °C a 290 °C
Temperatura da massa fundida	De 280 °C a 285 °C
Temperatura do molde	De 130 °C a 140 °C
Tempo de residência do material no cilindro	Máximo de 8 min
Pressão de injeção	De 80 kgf/cm² a 130 kgf/cm²
Pressão de recalque	De 60 a 80% da pressão de injeção
Velocidade de injeção	De média a alta
Rotação da rosca	De 40 rpm a 60 rpm
Tempo de ciclo	De 15 s a 50 s
Porcentagem de moído	Máximo de 25%

3. Qual o motivo da elevada temperatura aplicada no molde? Quais parâmetros você alteraria para a injeção do politereftalato de etileno?

Atividades aplicadas: prática

1. Como todo processo, a injeção pode apresentar algumas peças defeituosas. Esses problemas podem ser causados pelo uso impróprio da máquina, por problemas no molde e/ou na matéria-prima. Esses três fatores devem ser considerados para eliminar defeitos e obter condições ótimas de injeção. No caso de peças incompletas, podemos ter as seguintes possibilidades:

   - Máquina: pressão de injeção ou temperatura do material baixas; ajuste da alimentação insuficiente.
   - Molde: temperatura muito baixa; entradas e canais muito pequenos; cavidade sem saída de ar apropriada.
   - Material: fluxo do material um pouco "duro"; grãos no funil muito frios; tamanho das partículas não uniforme.

   No caso de defeitos do tipo rechupes e bolhas, quais os possíveis fatores referentes a máquina, molde e material causadores do defeito?

2. A incorporação de cargas nos materiais poliméricos é uma prática comum na indústria de processamento. As cargas podem modificar as propriedades finais do produto e também reduzir o custo das composições.

Uma variedade de minerais é utilizada como carga em materiais poliméricos, como o carbonato de cálcio, amplamente usado pelo seu baixo custo, não abrasividade, não toxicidade, baixa absorção de plastificantes, ausência de água de cristalização, resistência à decomposição térmica durante o processamento e cor clara. Outros minerais utilizados como carga são: sulfato de bário, feldspato, triidróxido de alumínio, sílica e caulim.

Assim, pedimos:

a) Pesquise qual desses minerais, além de carga de enchimento, exerce a função de retardante de chama.
b) Quais os mecanismos que favorecem a não propagação de chama em um material polimérico?

Capítulo 4

Termoformagem

Neste capítulo, abordaremos outros métodos de conformação dos materiais poliméricos que também fazem uso de temperatura e pressão.

Para os termorrígidos, veremos a moldagem por compressão, a moldagem por transferência e a moldagem com fibras de reforço; para os termoplásticos, a formagem a vácuo ou sob pressão a partir de lâminas ou chapas extrudadas. Depois, discutiremos a rotomoldagem.

A formagem a vácuo pode ser utilizada para a obtenção de peças pequenas e grandes com geometria simples; já a rotomoldagem permite um detalhamento melhor e a possibilidade de obtenção de peças grandes.

4.1 Moldagem de termorrígidos

Para a moldagem de termorrígidos, existem dois métodos mais usuais: a moldagem por compressão e a moldagem por transferência.

Na **moldagem por compressão**, a resina, na forma de pó, flocos, esferas, tabletes ou pré-forma, é colocada no molde junto com carga, catalisador e pigmentos, se houver. A prensa é acionada e, progressivamente, aplica pressão sobre os moldes preaquecidos. Na conformação de peças grandes, a pressão pode ser removida momentaneamente para saída de gases e depois é novamente aplicada. Durante o processo, pressão e temperaturas são mantidas para que ocorra a cura (polimerização) da resina; findado esse tempo, a pressão é removida e a peça é extraída.

Figura 4.1 – Etapas da moldagem por compressão

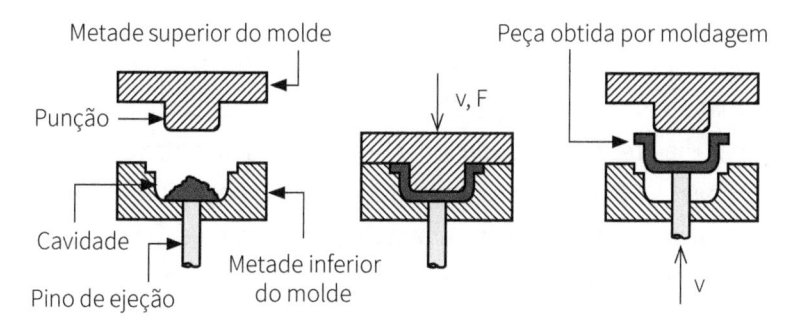

Normalmente, são utilizadas prensas hidráulicas e moldes bi ou tripartidos. A resina pode ser preaquecida para acelerar o tempo de processo, principalmente em peças de maior dimensão, pois a distribuição de calor no molde fica restrita ao material em contato direto com as placas, já que os termorrígidos são, em geral, maus condutores de calor. A Tabela 4.1 a seguir apresenta parâmetros de moldagem para algumas resinas termorrígidas.

Tabela 4.1 – Parâmetros de processo para conformação de alguns termorrígidos

Material	Temperatura (°C)	Pressão (MPa)
Resina fenólica	149-177	12-50
Resina fenólica com carga de madeira	150-177	16
Resina de ureia-formaldeído	116-160	24-47

(continua)

(Tabela 4.1 – conclusão)

Material	Temperatura (°C)	Pressão (MPa)
Resina melamina-formaldeído	135-182	15-47
Resinas alquídicas	150	4-8

A temperatura e a pressão dependem do tamanho e do formato das peças. Temperaturas menores são aplicadas em peças maiores para proporcionar um aquecimento mais lento e homogêneo por toda a espessura da peça. Já peças pequenas podem ser conformadas com temperaturas maiores. O tempo de cura também varia conforme as dimensões da peça e o tipo da resina.

A moldagem por compressão também é utilizada na confecção de discos fonográficos (LPs) em resinas vinílicas e na confecção de carcaças de baterias com betume e carga de asbesto.

Outra modalidade de conformação de termofixos, a **moldagem por transferência**, tem a intenção de suprir alguns inconvenientes da moldagem por compressão, como moldados espessos com o interior mal-curados, paredes finas sobrecuradas e dificuldades em conformar inserções delicadas. Nessa modalidade, a resina é aquecida até uma condição de fluidez máxima e então é forçada por um êmbolo a preencher as cavidades do molde, de modo semelhante ao processo de injeção.

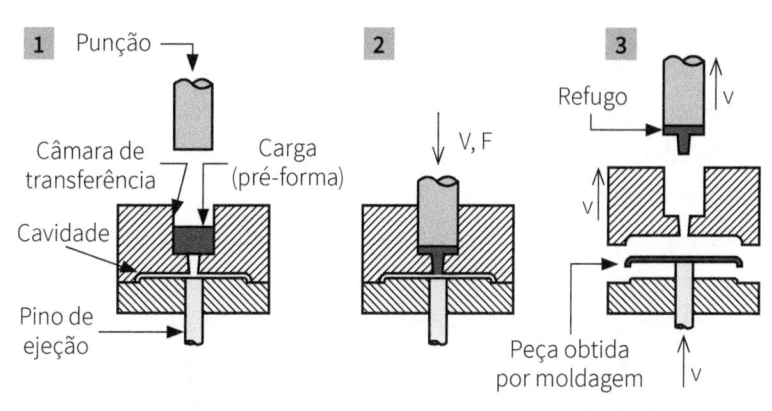

Figura 4.2 – Etapas da moldagem por transferência

Assim, a resina já plastificada preenche melhor os cantos do molde, sem forçar insertos e saliências deste. Também há uma homogeneização de temperatura ao longo do material, que elimina diferenças no estado de cura em regiões com variação de espessura. Têm-se ainda as vantagens de menor solicitação sobre o molde, menor tempo de cura, menor tempo total de ciclo e melhores condições de acabamento das peças, especialmente para geometrias complexas (Blass, 1985).

4.1.1 Moldagem de polímeros reforçados com fibras

O emprego de fibras para aumentar a resistência dos materiais poliméricos vem crescendo bastante nas últimas décadas, de modo que são possíveis diversas combinações, variando-se tanto o material de base como o material das fibras. A seguir, abordaremos brevemente os métodos de conformação utilizados para resinas de poliéster, epoxídicas e fenólicas reforçadas com fibra de vidro.

As propriedades mecânicas dos materiais reforçados dependem da quantidade e da disposição das fibras; já as propriedades químicas, elétricas e térmicas são, em grande parte, função da resina de base.

A disposição das fibras de forma **unidirecional** garante a máxima resistência na direção das fibras à custa de menor desempenho no sentido transversal. Esse tipo de reforço é utilizado em varas de pescar, tacos de golfe, entre outros.

O **arranjo bidimensional** das fibras fornece valores de resistência menores que no arranjo unidirecional, porém equivalentes nas duas dimensões. É empregado em carcaças de barcos, piscinas, asas de avião e outros.

Com o **arranjo aleatório**, são fabricados capacetes, móveis, cúpulas de orelhão, componentes elétricos e carcaças de máquinas; as propriedades são isotrópicas, isto é, equivalentes em todas as direções. As fibras podem ser apresentadas como fios, malhas, tecidos, mantas ou picadas.

A moldagem pode ser manual (*hand up*), com a sobreposição das fibras e da resina sobre um molde aberto. O ar aprisionado pode ser removido com pincéis ou roletes. São adicionadas sucessivas camadas, até que se atinja a espessura desejada. Para um melhor acabamento, a primeira camada é feita com uma resina gelatinosa de superfície com pigmento (*gel coat*) e a última recebe um recobrimento com celofane ou outra película. A cura do conjunto é feita a temperatura ambiente, mas pode ser acelerada por meio de aquecedores.

Outra possibilidade é a moldagem por pistola (*spray up*), na qual a resina e as fibras são projetadas simultaneamente através de um aparato específico. Um feixe de fibras alimenta um cortador e, por uma corrente de ar comprimido, as fibras são lançadas sobre um molde/anteparo perfurado.

Figura 4.3 – Moldagem de plástico por pistola

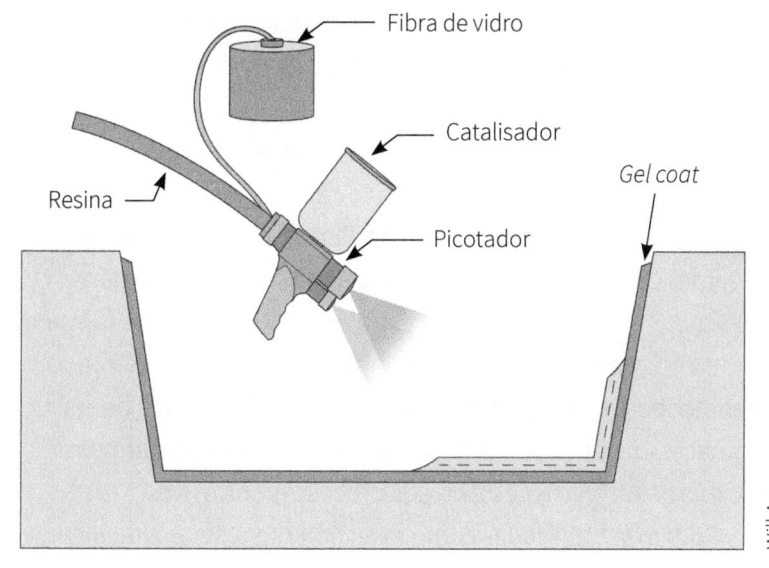

Há outros métodos que envolvem o controle da pressão, como a moldagem em autoclave e a moldagem em câmara de pressão ou de vácuo, técnicas que visam à redução do aprisionamento de bolhas e o um maior controle sobre as condições de cura (Blass, 1985).

Curiosidade
Cura de resinas epóxi utilizadas como revestimento

Vários materiais poliméricos podem ser empregados como revestimento de estruturas de uso industrial ou da construção civil. Enquadrados na categoria das tintas orgânicas, podem dar acabamento estético, proteger o material em ambientes corrosivos ou frente às intempéries e atuar como isolamento elétrico.

Essas tintas são compostas, basicamente, por quatro elementos: a resina de base (veículo fixo), o solvente (veículo volátil), os pigmentos e os aditivos. Tintas à base de resinas poliméricas (geralmente polímeros termofixos) são bastante utilizadas no revestimento de estruturas metálicas, pois formam um filme aderente à superfície, impermeabilizando a estrutura a ser recoberta. O isolamento elétrico feito pela camada de resina fornece uma proteção adicional à corrosão por não permitir o fluxo de elétrons necessário aos processos corrosivos.

Podem ser utilizadas como revestimento resinas alquídicas, vinílicas, fenólicas, epoxídicas e a base de borracha clorada. As resinas epoxídicas, ou simplesmente resinas epóxi, são bastante utilizadas na proteção de estruturas de aço, pois apresentam elevada aderência e resistência mecânica, baixo encolhimento após a cura, estabilidade térmica, além de formarem uma película resistente a álcalis, ácidos e outras substâncias químicas. A obtenção da resina epóxi normalmente acontece pela reação de condensação do difenilolpropano (bisfenol A) com epicloridrina em meio alcalino, resultando no diglicidil éter de bisfenol A (DGEBA).

Figura 4.4 – Síntese de resina epóxi do tipo DGEBA

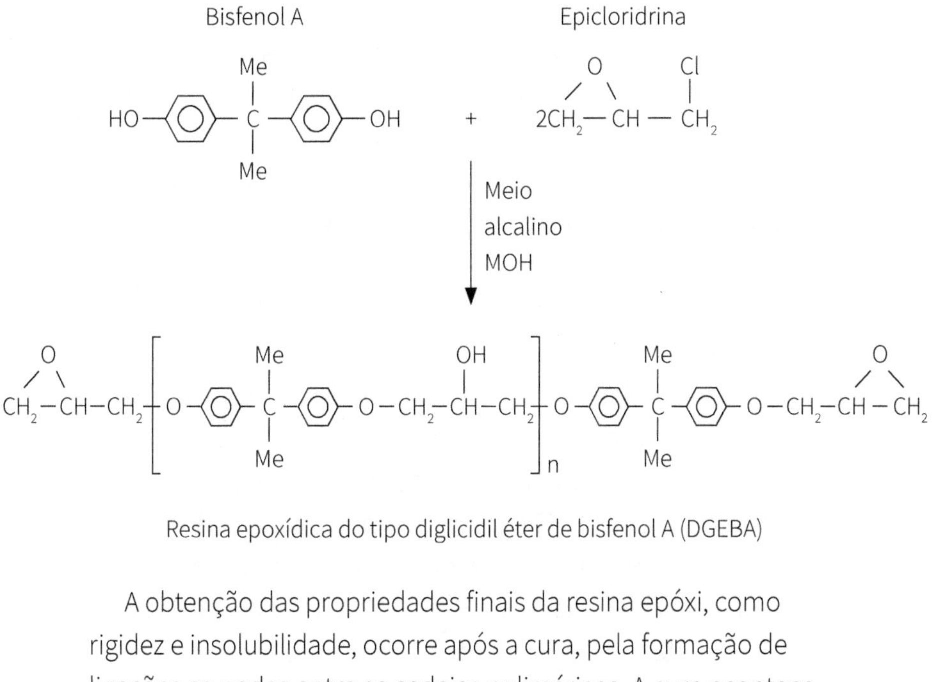

Resina epoxídica do tipo diglicidil éter de bisfenol A (DGEBA)

A obtenção das propriedades finais da resina epóxi, como rigidez e insolubilidade, ocorre após a cura, pela formação de ligações cruzadas entre as cadeias poliméricas. A cura acontece a partir dos agentes de cura ou endurecedores, responsáveis pela formação das ligações cruzadas, caracterizando uma tinta bicomponente (resina e endurecedor). Alguns exemplos de agentes de cura para as resinas epóxi são: aminas alifáticas, cicloalifáticas e aromáticas, anidridos, isocianatos e poliamidas.

No caso da utilização do agente de cura do tipo amina, ocorre a quebra da ligação carbono-oxigênio do anel epoxídico e forma-se uma ligação com o nitrogênio do grupo amina. O processo de cura passa pelas etapas de crescimento dos monômeros – tanto em cadeias contínuas quanto em ramificações – e de formação de um gel (início de formação da rede); finaliza-se com o termofixo curado, resultando em uma rede com alta densidade de ligações cruzadas. A cura pode ser realizada à temperatura ambiente, quando se utilizam aminas alifáticas, ou acima de 100 °C, quando o agente de cura é uma amina aromática –, nesse caso, obtém-se maior estabilidade térmica após a cura da resina.

Segundo o fabricante Silaex Química, o tempo de utilização do sistema resina epóxi mais endurecedor (SQ 2004 e SQ 3154), na proporção de 100:50 em peso, após mistura dos dois componentes, é de 25 a 30 minutos, período de formação do gel. Após esse tempo, ocorre o endurecimento do sistema, que continua por um período de 4 a 6 horas. A cura completa-se aos 7 dias. Esse sistema é indicado para acabamentos em que se deseja transparência com baixa viscosidade e média reatividade, conciliando resistência e tenacidade.

Diversas combinações de resina com agentes endurecedores e temperatura de cura são possíveis, conforme as características desejadas e o sistema a ser recoberto. Além da função de revestimento, as resinas epóxi também são utilizadas como adesivos, materiais elétricos e matrizes em compósitos diversos, como os compósitos com fibra de vidro (GRF – *glass reinforced fiber*) (Leal; Araujo; Silva, 2010; Resinas Epóxi, 2017).

4.2 Formagem a vácuo

Esse método permite a conformação de chapas ou lâminas plásticas por meio do seu aquecimento e posterior impulsão contra os contornos de um molde. O aquecimento faz com que a chapa amoleça e, assim, possa tomar a forma desejada.

A possibilidade de aplicação de vácuo torna o processo econômico, as pressões são baixas, os moldes podem ser leves e o equipamento como um todo é relativamente simples.

Na formagem a vácuo, podem ser obtidos moldados de grandes dimensões, porém com desenhos relativamente simples, sem muitos detalhes, como embalagens descartáveis, caixas de ar automotivas, gavetas e painéis internos de refrigeradores, entre outros.

Figura 4.5 – Desenho esquemático da formagem a vácuo

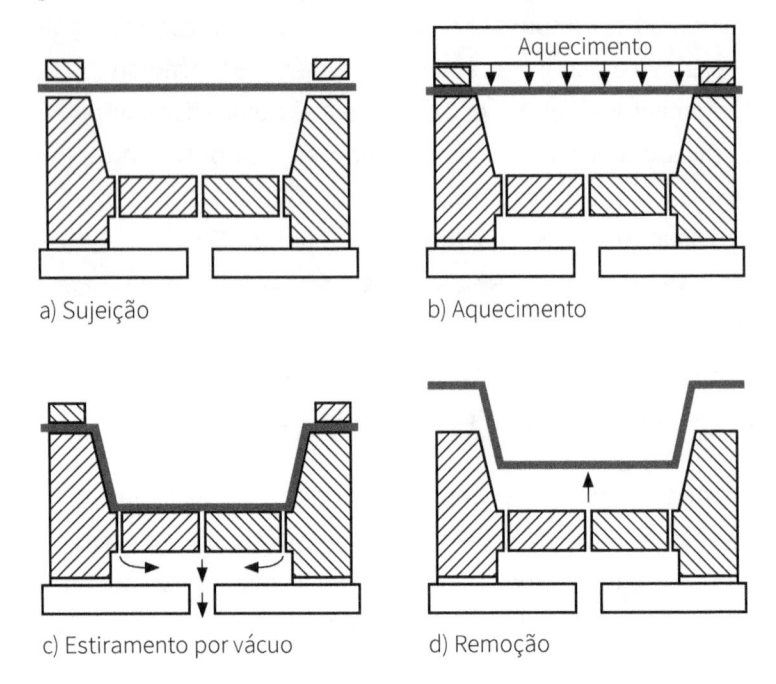

a) Sujeição

b) Aquecimento

c) Estiramento por vácuo

d) Remoção

O processo, em geral, obedece às seguintes etapas:

- Alimentação e fixação da chapa do quadro de moldagem.
- Aquecimento por meio de resistências elétricas (tempo e temperatura dependem do tipo de material e da espessura da peça).
- Moldagem, quando a chapa é posicionada em relação ao molde e é acionado o vácuo. A pressão negativa faz a placa ser atraída até o molde, tomando sua forma. Pode haver um contramolde para auxiliar a operação.

- Resfriamento por meio de ventilação forçada e troca térmica com o molde (que pode ser dotado de sistema de refrigeração interno a água).
- Extração, quando a peça adquire estabilidade dimensional, o vácuo é interrompido e aplica-se pressão positiva para desmoldagem.
- Acabamento, com a remoção de bordas laterais e outras operações, como furação, soldagem e pintura, se houver (IBT Plásticos, 2020).

Existem algumas variações quanto ao **tipo de conformação** empregada: molde do tipo fêmea, usado para conformação de peças rasas; molde do tipo macho, para peças com maior espessura no topo; conformação por repulsão, para materiais borrachosos, em que primeiro é aplicado vácuo e depois a chapa é lançada contra o molde; conformação livre a vácuo, em que não se utiliza moldes, apenas vácuo, e a peça assume um formato hemisférico; conformação por revestimento e/ou com colchão de ar, quando o alongamento é feito em duas etapas: primeiro em relação ao molde ou por sopro de ar comprimido e depois com vácuo para preenchimento de detalhes.

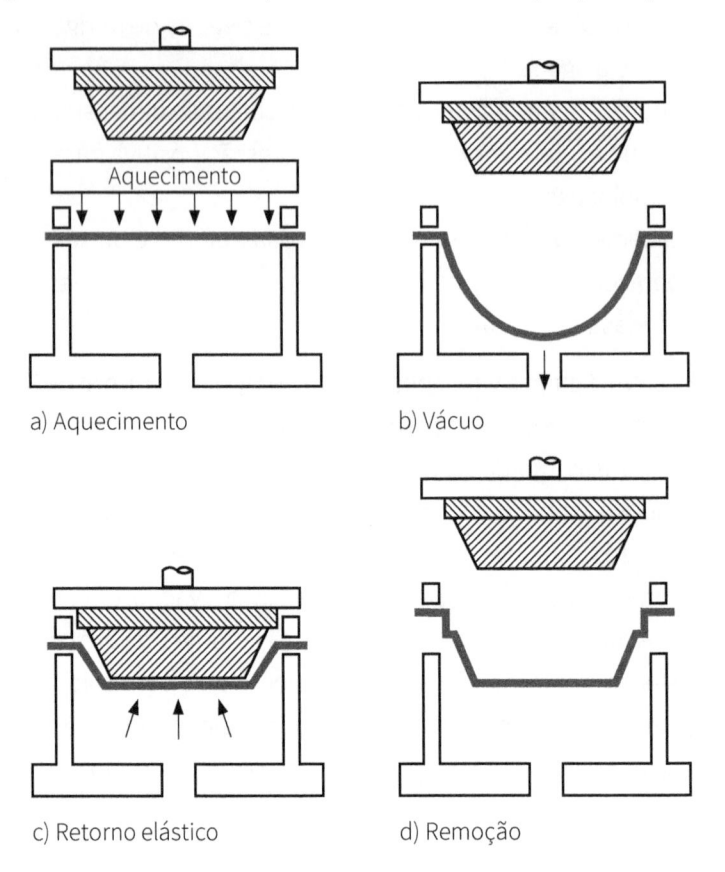

Figura 4.6 – Desenho esquemático da conformação por repulsão

a) Aquecimento

b) Vácuo

c) Retorno elástico

d) Remoção

Em relação ao **tipo de aquecimento das chapas poliméricas**, pode-se ter aquecimento por radiação, convecção ou condução.

O aquecimento por radiação é o mais usual, em que se usa a radiação infravermelha emitida por aquecedores elétricos, queimadores de gás ou pratos cerâmicos com temperatura entre 260 e 630 °C. Os polímeros são maus condutores de calor, e às vezes pode acontecer de a chapa se aquecer apenas na superfície, causando degradação local do material, com o aparecimento de manchas. Nesse caso, pode ser empregada uma temperatura menor por um tempo mais longo ou um aquecimento sanduíche – aquecimento por ambos lados da placa, reduzindo o tempo total de aquecimento.

O aquecimento convectivo é feito em fornos dotados de circulação de ar, nos quais é possível um maior controle de temperatura e uma distribuição uniforme de calor, porém o processo é mais demorado. Para não prejudicar a produtividade, podem-se aquecer diversas chapas simultaneamente. Alguns materiais não suportam esse tipo de aquecimento, pois podem se estirar ou flectir no forno, o que restringe o método a materiais de resistência superior, como o acrílico e o ABS.

Já o aquecimento por condução é realizado pelo contato da chapa plástica com uma ou duas chapas metálicas bem polidas e aquecidas. Ao atingir a temperatura desejada, sopra-se o ar através da placa para remoção da chapa plástica, e esta segue para a etapa de moldagem propriamente dita.

Qualquer que seja o método de aquecimento empregado, o controle da temperatura é um fator fundamental para o desempenho do processo. Segundo Blass (1985), o tempo necessário para que se atinja a temperatura desejada depende do "tipo e intensidade da fonte de calor, temperatura requerida para conformação, características de absorção da chapa, condutividade térmica da chapa e características de degradação térmica da chapa".

4.3 Formagem dos polímeros

A conformação de chapas poliméricas previamente aquecidas pode ser realizada por aplicação de pressão com o auxílio de prensas. Uma possibilidade é a conformação entre dois moldes combinados (*matched die forming*), macho e fêmea, porém, nesse caso, os moldes devem ser feitos de aço ou alumínio reforçado para suportar as pressões aplicadas (algo entre 0,03 e 1 MPa). Em uma variação desse processo, pode haver duas chapas sendo moldadas para a formação de uma peça oca (*twin sheet forming*): ainda aquecidas, as chapas são unidas nas bordas pela aplicação de pressão.

Outra possibilidade é a aplicação de ar comprimido (*pressure forming*), que força a lâmina plástica contra a cavidade de um molde do tipo fêmea, no qual são empregadas pressões da ordem de 1 MPa. Sob condições ideais, a chapa deve ser aquecida rapidamente, com um gradiente térmico mínimo entre a borda e o centro. Assim como na formagem a vácuo, o controle da temperatura é vital para a qualidade das peças acabadas.

Algumas vantagens do processo de formagem são o custo relativamente baixo de maquinário, moldes e operação, alta produtividade quando usados moldes com múltiplas cavidades e produtos com pequena espessura, como exemplo pratos descartáveis. As desvantagens são a geração de aparas e a consequente necessidade de acabamento (normalmente); a dificuldade de formar peças complexas; e o acabamento superficial relativamente inferior (Blass, 1985; Roda, 2020b).

4.4 Rotomoldagem

Também chamada de *moldagem rotacional* ou *fundição rotacional*, a rotomoldagem é um processo para obtenção de peças ocas, geralmente de grandes dimensões, como lixeiras, caixas-d'água, bolas, entre outras. Podem ser moldados por esse processo: PE de alta e de baixa densidade, PP, PVC, *nylon*, PC e algumas resinas termofixas, como epóxi, silicone e poliuretanos.

Figura 4.7 – Exemplos de produtos rotomoldados

Lixeira   Caixa-d'água

rangizzz, The Clay Machine Gun/Shutterstock

O processo consiste na rotação biaxial de um molde oco que contém a quantidade de matéria-prima, em pó ou líquida, necessária para seu recobrimento com espessura definida.

O molde é colocado em rotação no interior de um forno e é aquecido gradativamente até acima do ponto de fusão ou de amolecimento da resina. A temperatura, combinada à força centrífuga vinda da rotação, faz com que a superfície do molde seja toda recoberta com o material plástico. Na sequência, passa-se para a etapa de resfriamento, que pode ser à temperatura ambiente, com jato de ar ou com pulverização de água. Nesse processo, o molde é rotacionado durante as etapas de aquecimento e resfriamento.

Figura 4.8 – Desenho esquemático simplificado das etapas de rotomoldagem

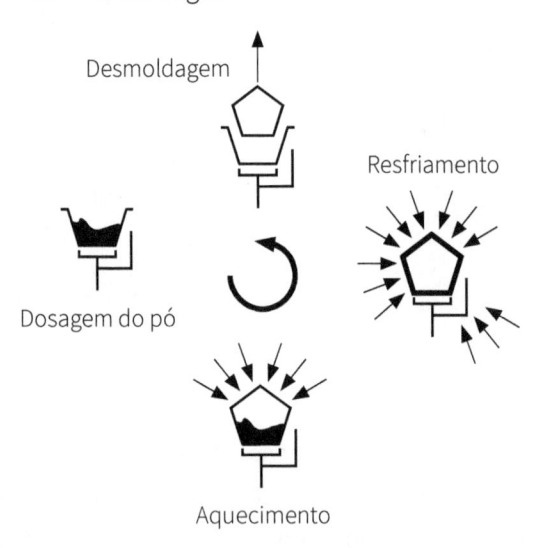

A matéria-prima para o processo de rotomoldagem pode ser na forma de resina líquida ou de pó micronizado – partículas ultrafinas, em torno de 200 μm a 300 μm, para facilitar o escoamento no molde, reduzir o aprisionamento de bolhas e acelerar a plastificação.

Assim como nos demais processos, o controle da temperatura é fundamental. Durante a plastificação, a temperatura deve estar acima da temperatura de fusão para garantir o completo preenchimento do molde, mas não deve ser muito elevada para que não ocorra degradação termo-oxidativa do polímero. A etapa de resfriamento também é essencial para a qualidade do produto acabado: se for lento, favorece a cristalização do polímero; se for muito rápido, a variação brusca de temperatura ao longo da estrutura pode gerar empenamento.

Os moldes para rotomoldagem são mais baratos quando comparados com os moldes da injeção. Podem ser confeccionados em diversos materiais, como alumínio, cobre, aço, resina, gesso ou cerâmica. A ausência de pressão no processo de moldagem gera peças quase sem tensões residuais. Além disso, é possível obter peças grandes com variedade de formas e riqueza de detalhes que não seriam possíveis por meio de outros processos com um custo tão baixo. Outras vantagens são o maquinário simples, a baixa geração de rebarbas e a uniformidade na espessura da peça.

A principal desvantagem da rotomoldagem é o tempo elevado para completar um ciclo, por conta das etapas de aquecimento e resfriamento, que pode durar até 15 minutos, dependendo do peso e do formato da peça. Outras questões a serem observadas são o custo da matéria-prima e o tamanho da produção requerida – para produção em série de peças pequenas, a rotomoldagem torna-se inviável (Rodolfo Jr.; Nunes; Ormanji, 2006; Ueki; Pisanu, 2007).

4.4.1 Equipamentos

Um dos equipamentos diferenciados para a rotomoldagem é o moinho a disco, responsável por micronizar as partículas. Geralmente, tem-se um moinho estacionário e o outro em alta rotação. Quando as partículas atingem o fundo do moinho, são sopradas para peneiras vibratórias de modo a selecionar aquelas com tamanhos adequados, as partículas que ainda não atingiram o tamanho certo retornam para a moagem. O ideal é uma distribuição uniforme de partículas, como as retidas entre as peneiras 25 e 100 *mesh*, com tamanho médio de 50 a 70 *mesh* – equivalente a 297-210 μm. O formato das partículas também é importante: o ideal é que sejam esféricas para ter bom índice de fluidez e, assim, garantir um bom recobrimento do molde.

Em relação ao equipamento de rotomoldagem propriamente dito, existem algumas possibilidades conforme o tamanho da peça a ser moldada, a capacidade de aquecimento, o tamanho do forno, o tempo médio por ciclo e a velocidade de rotação do molde.

Para peças de grande dimensão, a mais recomendada é a **máquina do tipo** *rock and roll*, cujo eixo secundário gira 360° enquanto o eixo principal intercala movimentos de 45° entre um lado e outro. O aquecimento costuma ser feito por chama a gás.

Figura 4.9 – Máquina de rotomoldagem do tipo *rock and roll*

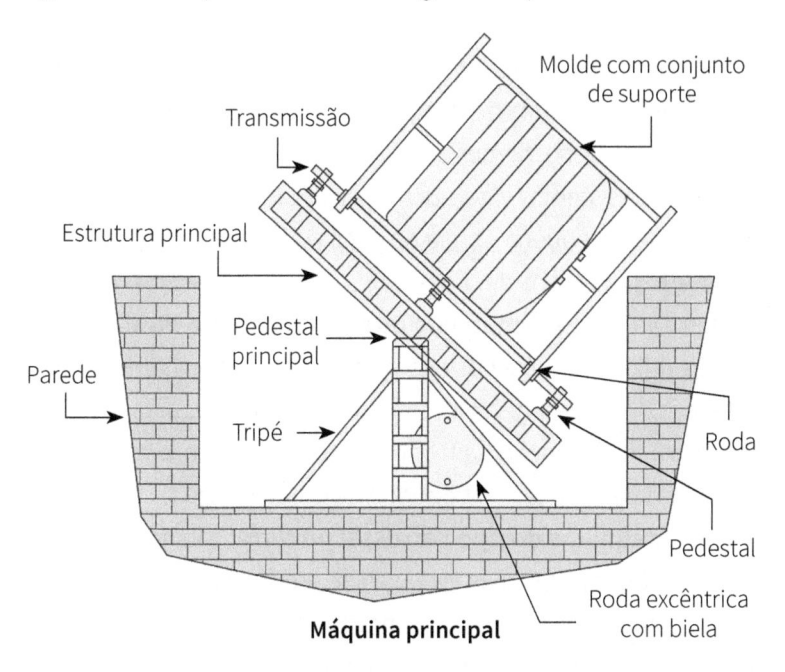

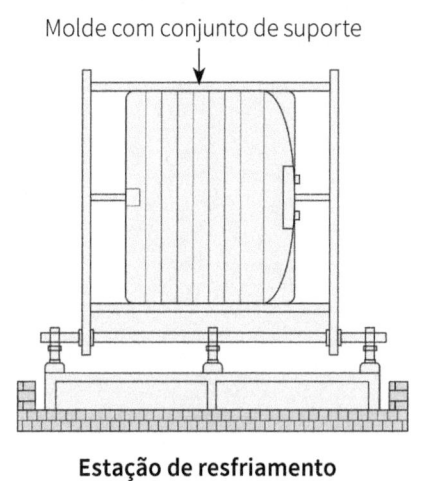

Máquina principal

- Molde com conjunto de suporte
- Transmissão
- Estrutura principal
- Parede
- Pedestal principal
- Tripé
- Roda
- Pedestal
- Roda excêntrica com biela

Estação de resfriamento

- Molde com conjunto de suporte

Will Amaro

Máquinas do tipo cofre ou *clamshell* têm sistemas de aquecimento e resfriamento na mesma câmara que trabalham alternadamente. Requerem pouca mão de obra e pouco espaço e produzem moldados de alta qualidade. Seu inconveniente é o tempo de processo, demasiado longo, e os gastos com energia elétrica. São sistemas ideais para fabricação de protótipos e produção em pequena escala de peças que necessitam de parâmetros rigorosos de processo.

Outra variante é a **máquina do tipo lançadeira ou *shuttle***, em que dois moldes se deslocam sobre guias para alternar entre as etapas de aquecimento e resfriamento. São máquinas simples e de baixa manutenção, têm baixo custo de operação e podem ser usadas para peças de pequeno a grande porte.

Já as **máquinas do tipo carrossel ou *turret*** são as mais recomendadas para taxas elevadas de produção. São compostas de três estações fisicamente separadas: aquecimento, resfriamento e carregamento/desmoldagem, cujo tempo de ciclo deve ser semelhante. São bastante volumosas por conta de seus braços.

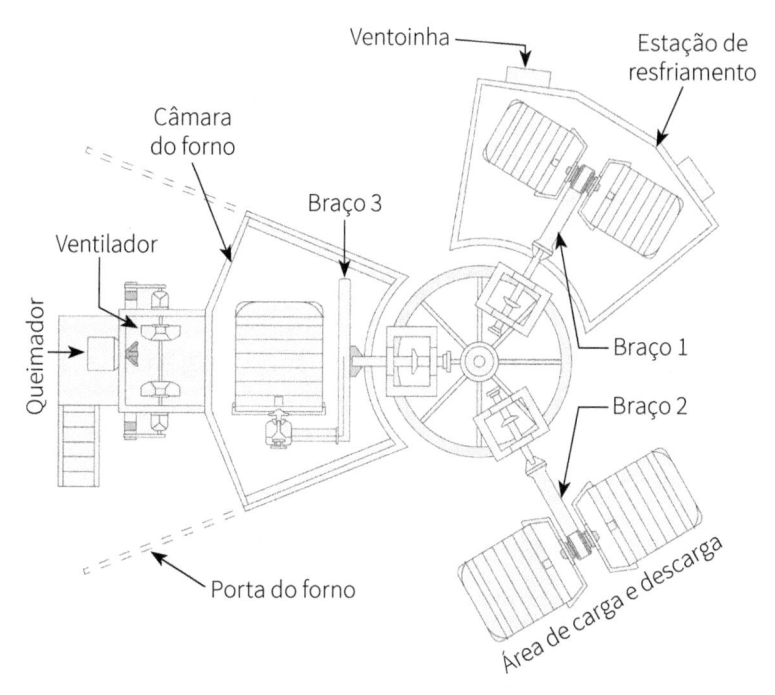

Figura 4.10 – Máquina de rotomoldagem do tipo carrossel ou *turret*

Sobre o mercado dos produtos rotomoldados:

O segmento da construção civil lidera a aplicação com cerca de 40% do consumo de matéria-prima, seguidos do mercado agrícola com 22%, tanques estacionários representando 12%, brinquedos absorvendo 11%, setor automobilístico com 8% e os 7% restantes em outros segmentos. (Roda, 2020a)

Curiosidade
Microplásticos

Os microplásticos (MP) são fragmentos de origem sintética com dimensões reduzidas, inferiores a 5 mm, oriundos da atividade humana. Podem ser classificados como MPs primários, quando fazem parte da composição de produtos manufaturados, como cosméticos e vestuário ou como matéria-prima para outros processos industriais; ou MPs secundários, quando são oriundos da decomposição de detritos plásticos, como a deterioração de sacolas plásticas, redes de pesca, garrafas de água, entre tantos outros (Laskar; Kumar, 2019).

Figura 4.11 – Microplásticos na água

Svetlozar Hristov/Shutterstock

Esses fragmentos podem ter origem terrestre, pelo descarte indiscriminado nos aterros sanitários, por exemplo, nos lodos de tratamento de esgoto quando usados na adubação do solo, e ainda estarem presentes em filmes plásticos usados sobre plantações que sofreram intemperismo*. Por meio da lixiviação (processo de extração de componentes sólidos por um líquido, no caso a água), os fragmentos podem atingir corpos aquáticos até chegar ao mar, onde se somam a outros detritos descartados de embarcações marinhas (Bradney et al., 2019).

Figura 4.12 – Resíduos plásticos em ambiente marinho e costeiro

---

* Intemperismo é a soma dos fatores climáticos, como luz solar, calor, umidade, chuva, vento e poluentes atmosféricos, os quais podem degradar material plástico cujos efeitos variam conforme o nível de exposição e as condições climáticas da região.

Rich Carey, Papakah/Shutterstock

Produtos de higiene e cuidado pessoal com função abrasiva, como cremes dentais, sabonetes esfoliantes e produtos para limpeza facial, podem conter microesferas plásticas. Por isso, apresentam potencial de contaminação, uma vez que são descartados na rede de esgoto e as micropartículas não são biodegradáveis. Estados Unidos, Reino Unido e Itália já decretaram o banimento das microesferas na indústria de cosméticos a partir de 2020, e outros países discutem leis que proíbem seu uso (Guerranti et al., 2019). No Brasil, está tramitando o Projeto de Lei n. 6.528/16, que proíbe a fabricação, a importação e a venda de produtos de higiene e cosméticos com microesferas de plástico em sua composição (Ciclo Vivo, 2019). As microesferas plásticas, normalmente feitas de PE, em sua ação abrasiva podem ser substituídas por óxidos inorgânicos, sementes de frutas ou conchas moídas.

Figura 4.13 – Exemplo de cosméticos que contêm microesferas plásticas

KYTan/Shutterstock

Figura 4.14 – Ciclo das microesferas plásticas no ambiente

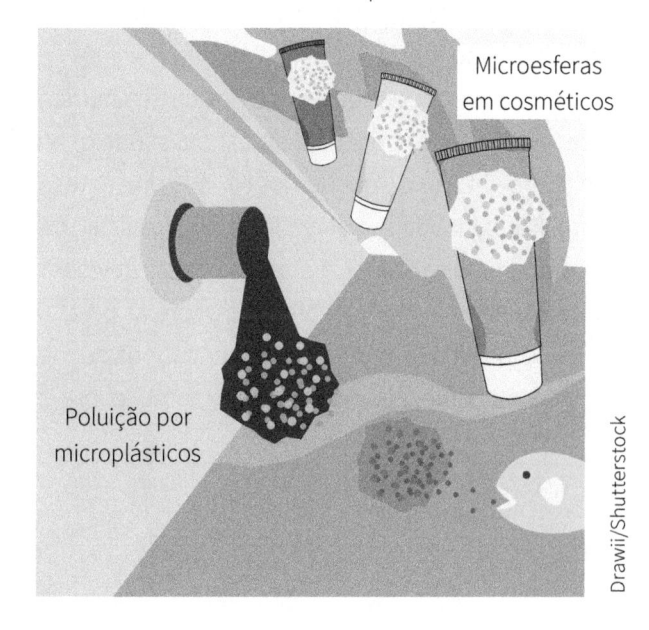

Microesferas em cosméticos

Poluição por microplásticos

Drawii/Shutterstock

Segundo Olivatto et al. (2018, p. 8): "A indústria têxtil também utiliza fibras plásticas microscópicas para a produção de tecidos sintéticos e o procedimento de lavagem de roupas com esses tecidos libera tais fibras plásticas, que atingem os cursos hídricos". Os atuais sistemas de tratamento de efluentes urbanos não estão aptos a filtrar partículas tão pequenas. Essas diminutas fibras têxteis estão, muitas vezes, em suspensão no ambiente doméstico, oriundas de roupas, carpetes e estofados, e podem ser inaladas.

Kosuth, Mason e Wattenberg (2018) realizaram um estudo abrangente que investigou a contaminação por MP em 12 tipos de cerveja dos Estados Unidos, 12 marcas de sal de diversas partes do mundo e 159 amostras de água de torneira de diversas localidades ao redor do globo. Todas as amostras de cerveja e de sal e 81% das amostras de água apresentaram contaminação por algum resíduo antropogênico, e a maioria dos resíduos encontrados é do tipo fibras.

Apesar de estarem presentes no ar e nos cursos hídricos, os MPs apresentam maior potencial de dano à saúde quando funcionam como vetores de elementos tóxicos presentes no ambiente. Por conta de sua elevada área superficial, da interação com a matéria orgânica dissolvida e da atividade microbiana (que pode formar um biofilme sobre as partículas plásticas), essas partículas podem adsorver cátions de metais pesados, como alumínio, cádmio, cobalto, cromo, cobre, zinco, ferro, níquel e chumbo (Bradney et al., 2019) e de poluentes orgânicos persistentes**, como diclorodifeniltricloroetano (DDT) e hexaclorobenzeno (Laskar; Kumar, 2019). Além disso, seus próprios aditivos são considerados tóxicos, como bisfenol A, ftalatos e alquilfenóis (Kosuth; Mason; Wattenberg, 2018). Bisfenol A, ftalatos e alquilfenóis são aditivos de polimerização e podem estar presentes de forma residual nos produtos poliméricos.

Quando os MPs são ingeridos acidentalmente por microrganismos marinhos do zooplâncton, ou por mesmo peixes e outros crustáceos, esses contaminantes entram na cadeia alimentar. Em geral, as partículas plásticas são encontradas no trato digestivo de animais marinhos de consumo humano, como ostras e mexilhões, além de pequenos peixes desidratados. Os riscos dessa exposição para o homem ainda são desconhecidos, mas especula-se que possa haver dano ao sistema digestivo, ao sistema imunológico, estresse oxidativo e consequente inflamação crônica. Se os MPs carregarem outros compostos tóxicos, como metais pesados e organoclorados, aumenta-se a probabilidade de ocorrência de câncer, infertilidade e alterações genéticas (Bradney et al., 2019; Laskar; Kumar, 2019; Eerkes-Medrano; Leslie; Quinn, 2019).

** Poluentes orgânicos persistentes (POPs) são compostos sintéticos resistentes à degradação altamente estáveis e, portanto, muito persistentes no ambiente; são tóxicos e apresentam grande capacidade para a bioacumulação em organismos vivos.

Síntese

Neste capítulo, vimos que polímeros termorrígidos são moldados principalmente por compressão e por transferência e que a cura é finalizada no molde. A conformação de polímeros reforçados com fibras pode ser manual, por pistola ou a vácuo.

Abordamos também o processo de termoformagem, que parte de chapas plásticas, normalmente extrudadas, para conformação em temperaturas abaixo de Tm, pela aplicação de vácuo ou pressão positiva. Nesse processo, podem ser obtidas peças grandes ou pequenas de geometria simplificada.

Por fim, tratamos da rotomoldagem, em que parte da resina em pó ou líquida é colocada no interior de um molde em rotação e é gradativamente aquecido. Desse modo, a resina se funde e toma a forma do molde. Peças grandes e complexas podem ser assim obtidas isentas de tensões internas.

Atividades de autoavaliação

1. Sobre a conformação de termofixos, analise se as afirmações a seguir são verdadeiras (V) ou falsas (F).
    ( ) Na moldagem por compressão, os moldes são aquecidos para efetuar a cura do material.
    ( ) Termofixos são bons condutores de calor, logo o aquecimento dos moldes garante condições ótimas de cura.

( ) A moldagem por transferência é um análogo da injeção de termoplásticos.
( ) O tempo, a temperatura e a pressão de moldagem são as variáveis de controle na moldagem de termofixos.
( ) Quanto maior a espessura da peça a ser moldada, maior deve ser a temperatura do molde na moldagem por compressão.

Agora, assinale a alternativa que contém a sequência correta.

a) F, V, F, F, V.
b) F, F, V, V, F.
c) V, V, V, F, V.
d) F, V, V, V, F.
e) V, F, V, V, F.

2. Analise se as afirmações a seguir são verdadeiras (V) ou falsas (F).
   ( ) O reforço com fibras de vidro é uma alternativa para a melhoria das características mecânicas dos polímeros.
   ( ) Nas resinas epóxi, as propriedades químicas e elétricas são prejudicadas pela adição das fibras.
   ( ) Quanto às propriedades mecânicas, a disposição das fibras não altera o resultado final.
   ( ) Caiaques, cúpulas de orelhão e piscinas são alguns exemplos da aplicação da moldagem com reforço de fibras de vidro.
   ( ) As fibras podem ser fornecidas na forma de fios, mantas ou picadas.

Agora, assinale a alternativa que contém a sequência correta.
a) F, V, F, F, V.
b) V, F, V, V, V.
c) V, F, F, V, V.
d) F, V, V, V, F.
e) V, F, V, V, F.

3. Durante a rotomoldagem, uma quantidade conhecida de polímero na forma de pó ou de um líquido viscoso é introduzida em um molde oco, o qual será aquecido, rotacionado e balanceado em dois eixos com uma velocidade relativamente baixa. O molde é então aquecido, e o polímero fundido adere às paredes deste, formando a peça desejada, para depois ser resfriada e desmoldada. Das alternativas a seguir, qual indica uma **desvantagem** desse tipo de processamento?
    a) A escolha de materiais de moldagem é limitada, e os custos dos materiais são relativamente elevados.
    b) O produto final apresenta acúmulo de tensões.
    c) Os moldes são relativamente caros.
    d) O desperdício de material é alto por serem peças grandes e com muitas rebarbas.
    e) Não é possível obter peças com multicamadas.

4. Sobre o processo de termoformagem, analise se as afirmações a seguir são verdadeiras (V) ou falsas (F).
    ( ) A matéria-prima são chapas obtidas por sopro.
    ( ) No processo, as chapas são aquecidas e depois forçadas a tomar a forma de um molde.

( ) O controle do estiramento é menor em peças de maior profundidade.
( ) O aquecimento das chapas pode ser feito por radiação, convecção ou condução.
( ) O processo permite a conformação de peças grandes com riqueza de detalhes.

Agora, assinale a alternativa que contém a sequência correta.

a) F, V, F, F, V.
b) F, F, V, V, F.
c) V, V, V, F, V.
d) F, V, V, V, F.
e) V, F, V, V, F.

5. Considere as sentenças sobre os processos de conformação dos materiais poliméricos:

   I. A injeção e a rotomoldagem são processos que permitem a produção de peças de geometria complexa, com a diferença de que, na rotomoldagem, as peças são ocas.
   II. A injeção, a extrusão e a termoformagem podem ser projetadas para alcançar elevados volumes de produção.
   III. O controle da temperatura é sempre um parâmetro crítico no processamento dos polímeros.
   IV. A termoformagem parte de chapas plásticas extrudadas e permite obter uma variedade de material plástico descartável destinado à alimentação.
   V. Na injeção e na termoformagem, pode haver grande geração de aparas e rebarbas, as quais podem ser recicladas se estiverem isentas de contaminação.

Assinale a alternativa que apresenta as afirmativas corretas:
a) I, II, III, IV e V.
b) I, II, III e IV.
c) I, II, IV e V.
d) I, II, III e V.
e) II e IV.

Atividades de aprendizagem
Questões para reflexão

1. Leia o texto a seguir.

"Para ser rotomoldado, um polímero tem que ter resistência térmica e química para não sofrer degradação termo-oxidativa devido a longos períodos de permanência no forno, além de ter valores de viscosidade aceitáveis para o processamento. O material mais utilizado no processo é o polietileno (PE). O processo de rotomoldagem produz peças praticamente livres de tensões residuais, sem linhas de solda e com custo de ferramental relativamente mais baixo quando comparados a outras técnicas de processamento usuais. Estudos recentes comprovaram que a variável mais importante para controle do processo é a temperatura do ar dentro do molde. [...] Estes trabalhos vêm revelando que o aumento da transferência de calor do molde aumenta o nível de empenamento das peças moldadas. [...] Na rotomoldagem o resfriamento é assimétrico e produz um gradiente térmico através da espessura da peça que induz tensões residuais levando a formação de um momento fletor que provoca a distorção de sua geometria, levando ao empenamento. Quanto maior a taxa de resfriamento utilizada maior será o gradiente de temperatura, maior o nível de tensão residual através da espessura da peça e, consequentemente, ocorrerá um aumento na magnitude do momento fletor" (Comisso; Lima, Carvalho, 2013, p. 1).

Com base no que você leu, o que pode ser feito para reduzir a ocorrência de empenamento nas peças rotomoldadas?

2. Relacione as vantagens e as desvantagens dos principais métodos de conformação dos materiais poliméricos. Para isso, faça uma tabela que registre os principais pontos positivos e negativos da extrusão, injeção, termoformagem e rotomoldagem.

Atividade aplicada: prática

1. Busque o maior número de utensílios poliméricos que você tem em casa e procure descobrir de que modo foram fabricados. Alguns processos deixam marcas características na peça, outros são mais discretos, mas, pelo formato, você poderá deduzir qual o processo de conformação. Depois, registre por escrito as peças encontradas e os processos adotados.

Capítulo 5

Matérias-primas cerâmicas

A palavra *cerâmica* vem do grego *keramikos* e quer dizer *matéria-prima queimada*, pois suas propriedades são consolidadas após a queima em altas temperaturas.

Atualmente, o termo *cerâmica* compreende louças, porcelanas, vidros, esmaltes, refratários, cimentos, abrasivos e materiais de construção civil, como tijolos, telhas e azulejos, os quais compõem o grupo das cerâmicas convencionais. Já as cerâmicas especiais, ou cerâmicas avançadas, são um campo relativamente novo e compreendem os semicondutores e outras aplicações nas quais as propriedades elétricas, magnéticas e óticas diferenciadas das cerâmicas vêm sendo exploradas (Alves, 2013).

Neste capítulo, conheceremos as principais matérias-primas cerâmicas, os requisitos para composição das massas cerâmicas, os principais tipos de conformação, as operações de acabamento e a etapa de secagem das peças cerâmicas.

5.1 Tipos de matérias-primas cerâmicas

As matérias-primas cerâmicas são utilizadas desde os primórdios da civilização humana, seja na moradia com os tijolos crus de barro, seja na confecção de vasilhas de argila para armazenar e cozer alimentos. Acredita-se que o uso de argila queimada tenha ocorrido em vários locais independentemente, em vez de se espalhar a partir de algum ponto do globo.

A maïoria dos materiais cerâmicos é formada pela combinação de elementos metálicos com não metálicos por meio de ligações iônicas, covalentes ou por uma combinação das duas. O caráter iônico depende da eletronegatividade dos átomos envolvidos (Norton, 1973).

A seguir, conheceremos algumas matérias-primas de grande utilização na indústria cerâmica, como os argilominerais, os materiais refratários e os cimentos. Os vidros, também bastante utilizados, serão vistos separadamente no Capítulo 6.

5.1.1 Argilominerais

São materiais naturais de aspecto terroso e granulação fina que, quando umedecidos, apresentam certa plasticidade. São compostos basicamente por aluminossilicatos hidratados de rede cristalina lamelar (em camadas) formados por folhas, planos ou camadas de tetraedros SiO_4, ordenados de forma hexagonal, alternados com folhas octaédricas de $Al(OH)_3$. Dentro das folhas, os íons são fortemente unidos por ligações iônicas ou covalentes, e as folhas são unidas por forças de Van der Waals. Conforme os tetraedros de sílica se ligam a outras entidades químicas, surgem vários arranjos possíveis de silicatos.

Figura 5.1 – Representação esquemática de argilomineral

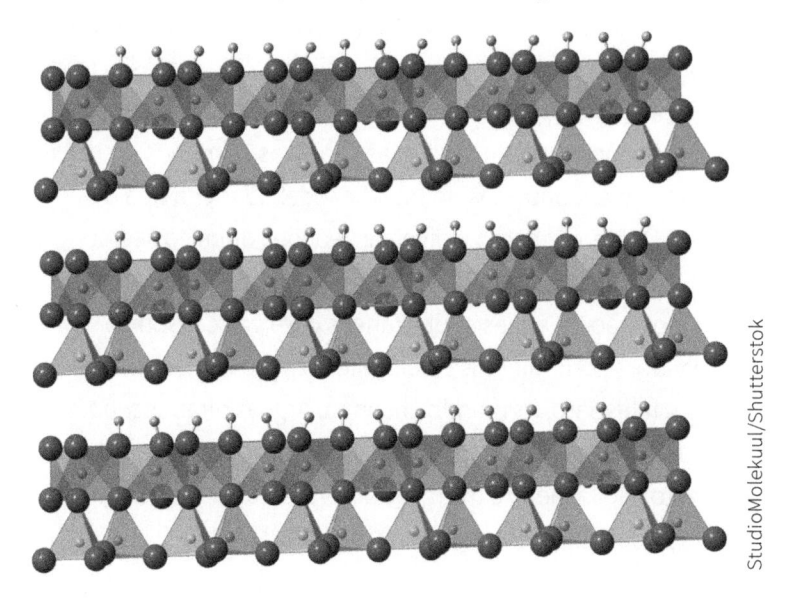

StudioMolekuul/Shutterstok

Nessa figura, as camadas entre as esferas e os triângulos representam os octaedros de $Al(OH)_3$. Os triângulos representam os tetraedros de SiO_4; as esferas, os átomos de oxigênio.

Para a classificação dos diferentes tipos de argilominerais, são utilizados o espectro de difração de raios-X, a análise térmica diferencial, o microscópio petrográfico (quando os cristais apresentam tamanho adequado) ou o microscópio eletrônico. No entanto, em razão da composição variável, do pequeno tamanho de partículas e da frequente cristalização imperfeita, a identificação rigorosa da composição dos argilominerais é difícil.

Em geral, os argilominerais são formados por partículas de pequenas dimensões, inferiores a 2 µm, e podem conter diversos elementos em substituição ao alumínio, como magnésio, ferro, metais alcalino e alcalinoterrosos.

Em relação à origem, as argilas são ditas *primárias* ou *residuais* quando são encontradas no mesmo local da rocha que a deu origem. O intemperismo e diversas reações químicas estão envolvidos no processo de formação das argilas, por exemplo, na percolação de águas subterrâneas com gás carbônico dissolvido, ocorre hidrólise e dessilicatização de rochas que contêm feldspato, formando caulinita. Argilas ditas *secundárias* ou *sedimentares* são encontradas longe do local de sua formação, portanto são lavadas e transportadas até que as frações mais finas se depositem em lagos (Norton, 1973).

Curiosidade
Argilas para a indústria de papel

Diversas argilas são utilizadas como aditivos e/ou carga na fabricação de papel, tintas, plásticos e borrachas. Os principais requisitos para a utilização das argilas nesses setores são a granulometria e o estado de agregação das partículas. Outros fatores de importância secundária são a composição química, a estrutura cristalina, a atividade superficial e o formato das partículas.

O caulim é um dos argilominerais mais utilizados, principalmente na indústria do papel, por conta de seu baixo preço e de sua alvura. Outras propriedades de destaque são a textura macia, os valores adequados de índice de refração, a fácil calandragem, a ausência de impurezas abrasivas, o brilho, a boa dispersão em tintas, a boa viscosidade em soluções, a boa absorção e receptividade de tintas, a inércia química e o elevado poder de cobertura, que proporciona um ótimo acabamento ao papel.

Na indústria do papel, o caulim pode ser utilizado como carga e como revestimento. Em cada caso, são requeridos diferentes parâmetros de granulometria.

Como revestimento, o caulim deve ter granulometria mais fina. O papel é constituído por fibrilas de celulose em um fino reticulado, porém com irregularidades e imperfeições que são corrigidas pela adição de ligantes como amidos e resinas, além de enchimentos minerais como o caulim. Portanto, essa substância melhora a cor branca do papel, pois as fibrilas de celulose são amareladas, e preenche os espaços entre as fibrilas, melhorando a absorção das tintas de impressão e aumentando a gramatura do papel por ter maior massa específica, o que resulta em uma economia de celulose.

Em papéis especiais, uma camada de revestimento à base de caulim, água e ligantes permite a melhoria da qualidade de impressão, o brilho, a lisura e o tato, de forma a amenizar a superfície rugosa das fibras de celulose. O formato lamelar hexagonal das partículas do caulim favorece esses aspectos, assim como a reflexão da luz.

Na maioria dos depósitos no Brasil, o caulim se encontra associado a outros minerais, como haloisita, diquita e nacrita. A presença da haloisita é bastante prejudicial à viscosidade e à lisura do caulim utilizado como acabamento no papel, pois ela apresenta maior granulometria e partículas com formato tubular. A presença de outros minerais nos depósitos de caulim, como quartzo, moscovita, ilita, pirita, entre outros, prejudica a alvura, a brancura, a viscosidade e a abrasividade, por isso é necessário seu beneficiamento, ou seja, a realização de operações físico-químicas que visam adequar granulometria e concentração de determinado minério.

O beneficiamento pode ocorrer por via seca, quando o caulim apresenta brancura satisfatória e baixo teor de quartzo. No entanto, depósitos assim são raros, fazendo-se necessário o beneficiamento por via úmida. Na sequência de processos do beneficiamento por via úmida, destacam-se as etapas de separação magnética, que têm o objetivo de remover parte das impurezas prejudiciais à cor branca, como hematita, anatásio, rutilo, pirita e mica. Outras impurezas são removidas pelo alvejamento químico por meio de etapas de lixiviação, que pode ser redutora e/ou oxidante.

Figura 5.2 – Fluxograma de beneficiamento por via úmida do caulim

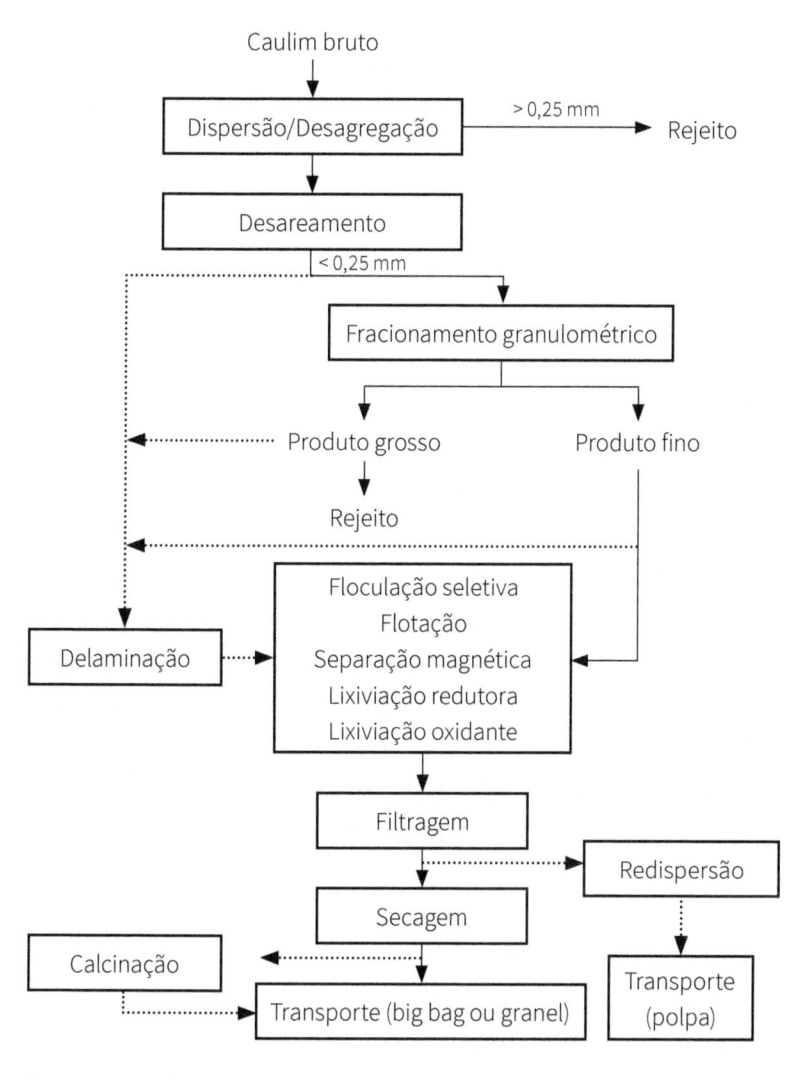

```
                    Caulim bruto
                         │
                         ▼
            ┌──────────────────────────┐    > 0,25 mm
            │ Dispersão/Desagregação   │ ──────────────▶ Rejeito
            └──────────────────────────┘
                         │
                         ▼
            ┌──────────────────────────┐
            │      Desareamento        │
            └──────────────────────────┘
                   < 0,25 mm
                         │
                         ▼
            ┌──────────────────────────┐
            │ Fracionamento granulométrico │
            └──────────────────────────┘
                    │          │
                    ▼          ▼
             Produto grosso  Produto fino
                    │
                    ▼
                 Rejeito

  ┌───────────────┐      ┌──────────────────────────┐
  │  Delaminação  │ ···▶ │    Floculação seletiva   │
  └───────────────┘      │         Flotação         │
                         │    Separação magnética   │
                         │    Lixiviação redutora   │
                         │    Lixiviação oxidante   │
                         └──────────────────────────┘
                                     │
                                     ▼
                              ┌─────────────┐
                              │  Filtragem  │
                              └─────────────┘
                                     │              ┌──────────────┐
                                     │              │ Redispersão  │
                                     ▼              └──────────────┘
                              ┌─────────────┐              │
                              │  Secagem    │              ▼
                              └─────────────┘       ┌──────────────┐
  ┌──────────────┐                  │               │  Transporte  │
  │  Calcinação  │ ◀────────────────┤               │   (polpa)    │
  └──────────────┘                  ▼               └──────────────┘
                    ┌────────────────────────────────┐
                    │ Transporte (big bag ou granel) │
                    └────────────────────────────────┘
```

Fonte: Luz et al., 2008, p. 263.

A lixiviação oxidante visa remover as impurezas orgânicas; já a lixiviação redutora busca solubilizar o ferro para que este possa ser removido em etapa posterior de filtragem. Após a filtragem, a polpa de caulim deve ser seca, o que pode ser feito por um processo chamado *spray dryer*, em que uma corrente de ar a 300 °C é soprada, atomizando as partículas e abaixando a umidade para valores entre 3% e 6%.

Para a utilização em papéis especiais de baixa gramatura, pode ser necessária uma etapa extra de delaminação, na qual o atrito com esferas de zircônia ou quartzo favorece o desplacamento das partículas lamelares de caulim, resultando em placas de pequena espessura e grande diâmetro, que aumentam a capacidade de cobertura do caulim.

Por fim, ainda pode ser realizada uma etapa de calcinação, na qual se reduz a umidade e aumentam-se as propriedades de porosidade, alvura, opacidade e absorção de tinta. Esses dois processos encarecem o material, por isso são utilizados em papéis mais nobres, e também afetam a viscosidade do caulim na camada do revestimento, impondo um limite para sua utilização e/ou sendo necessária uma correção com material de mais baixa granulometria (Santos, 1992; Luz, 2008).

5.1.2 Refratários

Algumas argilas são especiais para utilização em materiais refratários. São argilas de alta pureza compostas principalmente de alumina (entre 25% e 45%) e sílica. Esse material é utilizado em aplicações a temperaturas elevadas, acima de 1.500 °C. Durante o uso, é possível a formação de uma pequena porcentagem de fase líquida sem que isso represente um problema estrutural. Esses refratários são conformados em placas ou tijolos para o emprego na construção de fornos, para o confinamento de atmosferas quentes e para o isolamento de membros estruturais contra temperaturas excessivas.

Um tipo é o **refratário à base de sílica**, que é ácido, pois apresenta resistência às escórias ácidas ricas em sílica dos alto-fornos na fabricação de aço. Também é usado nos fornos de fabricação de vidros, nos quais suporta temperaturas tão elevadas quanto 1.650 °C. Nessa classe de refratário, a presença de alumina é deletéria. Pequenas porcentagens desse componente reduzem a temperatura *liquidus* – temperatura acima da qual o material está completamente líquido – de forma expressiva, e seu teor não deve passar de 1%. São atacados por escórias básicas que contêm cal (CaO) e/ou magnesita (MgO).

Refratários básicos são aqueles ricos em periclásio e magnesita e podem conter compostos de cálcio, cromo e ferro. Nesses materiais, a presença de sílica deve ser evitada, pois abaixa a temperatura de trabalho. Esses refratários são utilizados em fornos de soleira aberta comuns na fabricação de aço, na qual as escórias são básicas.

Há ainda a classe dos **refratários especiais**, feitos com matéria-prima de elevada pureza, como alumina, sílica, magnesita, berília, zircônia e mulita ($3Al_2O_3$-$2SiO_2$). O carbeto de silício também pertence a essa classe de materiais e é utilizado como elemento resistivo em fornos elétricos e para fabricar cadinhos (Callister, 2000).

5.1.3 Cimentos

Fazem parte dessa classe o cimento Portland, a cal e o gesso de Paris. Esses materiais são fabricados em grande escala e encontram diversas aplicações por conta da facilidade com que desenvolvem a pega quando misturados com água.

O cimento Portland, de grande utilização nas mais diversas estruturas, é obtido pela moagem de argilas que contêm cal e outros minerais em proporções definidas, elementos posteriormente aquecidos em fornos rotativos até 1.400 °C para produzir o clínquer. O clínquer é finamente moído e adicionado de gesso ($CaSO_4$-$2H_2O$) para retardar a pega. A pega e o endurecimento ocorrem por reações de hidratação dos elementos que compõem o cimento, e os principais são o silicato tricálcico e o silicato dicálcico (Callister, 2000).

5.2 Propriedades dos materiais cerâmicos

A **plasticidade** é característica importante das argilas, isto é, a capacidade de o material úmido tomar forma e não se romper pela aplicação de tensão; ao ser removida a tensão, a deformação permanece. Essa propriedade depende não só da umidade e da granulometria, mas também do **formato dos grãos**, que dependem do sistema de cristalização dos seus constituintes, e podem ter formato lamelar, escamoso, filiforme, entre outros.

O formato lamelar da maioria das matérias-primas cerâmicas, associado à água intersticial que atua como lubrificante, permite que as partículas deslizem umas sobre as outras. Quando há água em excesso, as partículas ficam em suspensão, e a característica plástica dá lugar à lama. Do contrário, quando há pouca água, as forças capilares são muito grandes e os grãos aglutinados formam torrões, e, nesse caso, ao sofrerem esforços de deformação, quebram-se. O intervalo de umidade com que uma argila é trabalhável compreende os índices de Attenberg – limite de liquidez e limite de plasticidade –, definidos por meio de práticas laboratoriais (Vargas, 1977).

Após a queima, os materiais cerâmicos apresentam elevada **resistência ao desgaste e à corrosão química**, tanto em temperatura ambiente quanto em temperaturas elevadas, por isso, a refratariedade é uma característica importante em muitas aplicações.

Em relação às propriedades mecânicas, as cerâmicas apresentam **elevada dureza**, o que permite que sejam utilizadas como materiais abrasivos e em ferramentas de corte. Vale destacar que os materiais mais duros conhecidos são cerâmicos, como é o caso do carbeto de boro (B_4C), do carbeto de silício (SiC) e do carbeto de tungstênio (WC). A resistência à compressão das cerâmicas é mais elevada no que se refere à tração, próxima a dez vezes superior, o que torna viável sua utilização em situações de carregamento compressivo.

Em geral, os materiais cerâmicos apresentam **comportamento frágil** quando solicitados em tração ou cisalhamento e fraturam sem sofrer quase nenhuma deformação plástica. Para que haja deformação plástica, um dos mecanismos é o escorregamento de discordâncias, porém, nas cerâmicas com ligações iônicas, é dificultado pela repulsão eletrostática entre íons de mesma carga. Mesmo nas cerâmicas com ligações covalentes, o escorregamento é dificultado pela relativa força da ligação e pelo baixo número de sistemas de escorregamento no nível atômico.

A fratura costuma ocorrer em direção perpendicular à carga aplicada, com propagação transgranular (através dos grãos), ao longo dos planos cristalográficos de elevada densidade atômica. A resistência à fratura é sempre inferior aos valores teóricos calculados em virtude dos defeitos presentes no material, que atuam como concentradores de tensão. Nesse caso, poros internos, arestas de grãos e pequenas trincas internas ou de superfície são considerados como defeitos e impossíveis de serem totalmente eliminados. Em algumas situações, pode-se aumentar a resistência à tração das peças cerâmicas com um revenimento térmico, que gera tensões residuais de compressão na superfície, as quais melhoram a resposta à tração.

O ensaio mais utilizado para estudar o **comportamento tensão-deformação** nas cerâmicas é de flexão transversal, no qual o corpo de prova – na forma de barra com seção circular ou retangular – é apoiado em três ou quatro pontos e flexionado até sua fratura. Logo abaixo do ponto de carregamento, a superfície do corpo de prova é colocada em compressão e, na parte inferior, em tração.

Figura 5.3 – Ensaio de flexão em três pontos

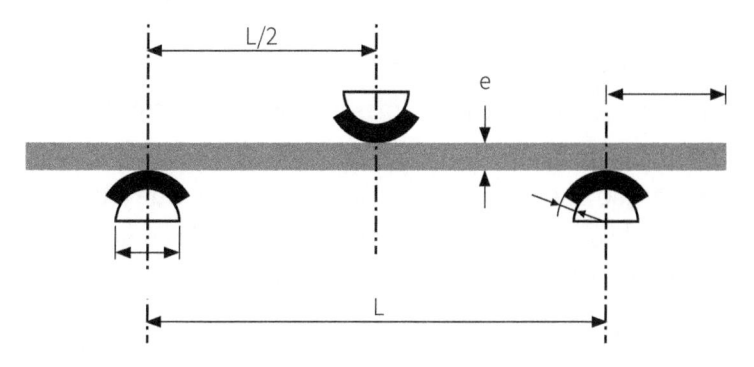

O resultado do ensaio é dado como resistência à flexão ou módulo de ruptura σ_{rf}. Pode ser calculado de acordo com a equação:

$$\sigma_{rf} = 3\,F_f\,L/2bd^2$$

Em que:

F_f = carga no momento da ruptura

L = distância entre os pontos de suporte

O denominador diz respeito ao momento de inércia da seção transversal do corpo de prova, em que:

b e d = dimensões de um corpo de prova retangular

Observação: para uma seção circular, utilizar πR^3 no denominador (Callister, 2000).

5.3 Preparação de pastas

Para a composição adequada de uma pasta cerâmica, é necessário que as matérias-primas tenham uma distribuição de tamanho de partícula de acordo com o produto e o método de conformação que será utilizado. Diversos métodos de redução do tamanho de partículas são possíveis, combinando compressão, impacto, abrasão e raspagem. Segundo Norton (1973), a energia necessária para diminuir o tamanho das partículas de um material é diretamente proporcional à nova área específica, logo, quanto menores as dimensões, mais tempo e potência são requeridos.

Para grandes volumes de produção e/ou tamanho grande de partículas (até 30 cm de diâmetro), são utilizados britadores de mandíbula, giratórios ou cônicos. Quando as partículas já têm um tamanho menor (em torno de 1 polegada), são utilizados moinhos, que podem operar com cilindros, dentados ou não, martelos e bolas.

A **classificação granulométrica** pode ser realizada por meio de peneiras sobrepostas. As peneiras de abertura mais grossa devem ficar na parte superior e com vibração para facilitar o escoamento e evitar o entupimento das demais peneiras. Para materiais muito finos, usa-se o peneiramento por via úmida; a classificação granulométrica pode ser feita por meio da lei de Stokes, segundo a qual a velocidade de sedimentação, em um meio aquoso, é proporcional ao tamanho das partículas (Norton, 1973).

Para que as argilas possam ser mais bem trabalhadas, é comum que se adicionem outros materiais cerâmicos, como quartzo e feldspato. O quartzo, uma variedade cristalina da sílica, age como antiplástico, reduzindo o encolhimento das peças moldadas durante a secagem e evitando a formação de rachaduras e deformações. Já o feldspato é um silicato de alumínio anidro que pode conter sódio, potássio e/ou cálcio e também é considerado um antiplástico que age como fundente na composição das massas cerâmicas, abaixando a temperatura de queima. A faixa de fusão do feldspato potássico começa em 1.170 °C e vai até 1.290 °C. Logo, pode-se perceber que a margem entre o derretimento e a fusão é significativa, o que permite obter produtos vitrificados sem que a peça chegue a se fundir nem se deformar no forno.

O chamote também pode ser adicionado às massas cerâmicas, atuando como antiplástico. *Chamote* é a designação dada ao material cerâmico já queimado, normalmente formado por material de reprocesso das fábricas de louças após a moagem. Como já foi queimado, o material permanece estável quando vai ao forno, reduzindo as chances de defeitos de secagem e de queima. Quando é finamente moído (impalpável), melhora as pastas utilizadas para louça e diminui problemas nos esmaltes.

Um exemplo de composição de pasta a ser trabalhada manualmente para queima em baixa temperatura (de 960 °C a 1.050 °C) é de 65% de argila, 4% de caulim, 16% de quartzo, 3% de feldspato e 12% de carbonato de cálcio. Uma pasta para alta temperatura (de 1.190 °C a 1.230 °C) pode ser composta por 60% de argila, 10% de caulim, 15% de feldspato e 15% de quartzo. Em ambos os casos, a massa deve estar bastante úmida, algo em torno de 45% a 50% de água (Andrade, 1995).

Há ainda as pastas cerâmicas destinadas à confecção de tijolos, que têm grande potencial para incorporar resíduos industriais e agroindustriais, ou resíduos municipais, como areias descartadas de fundição, cinzas de casca de arroz ou resíduos de construção e demolição. O setor da construção civil consome elevado volume de matérias-primas cerâmicas e, ao incorporar esses resíduos na atividade, contribui para a diminuição do descarte em aterros e da necessidade de explorar recursos naturais (Leonel et al., 2017).

De acordo com o método de conformação a ser empregado, as pastas cerâmicas podem ser classificadas em: de suspensão ou barbotina, quando as peças serão obtidas com moldes de gesso ou resina porosa; massas secas ou semissecas, em que será utilizada técnica de prensagem e o material deverá estar granulado; ou massas plásticas, quando será utilizado processo de extrusão (Abceram, 2020).

5.4 Modulagem cerâmica

Nessa modulagem, o método de conformação a ser empregado depende da geometria e das características desejadas para o produto final, assim como do fator econômico e do volume de produção. Existem os métodos de extrusão, prensagem a seco, moldagem plástica e colagem de barbotina.

5.4.1 Extrusão

A máquina para extrusão de cerâmicas é chamada *maromba* e é alimentada com uma massa plástica, porém rígida. De maneira semelhante à extrusão de polímeros, o material movimentado por uma rosca é forçado através de uma matriz, formando uma coluna contínua, a qual pode ser cortada nas dimensões desejadas. São obtidos dessa maneira tijolos vazados, tubos, blocos cerâmicos e azulejos.

A maromba pode apresentar sistema de aplicação de vácuo para que o extrudado tenha maior densidade e seja mais homogêneo. No caso de peças vazadas, como os tijolos comuns, insertos metálicos são posicionados no molde para obtenção do formato adequado. A extrusão pode ser uma etapa intermediária na formação de produtos cerâmicos, seguida por prensagem no caso de telhas ou torneamento no caso de xícaras e pratos (Norton, 1973; Abceram, 2020).

Figura 5.4 – Fluxograma para processo de fabricação de cerâmica vermelha

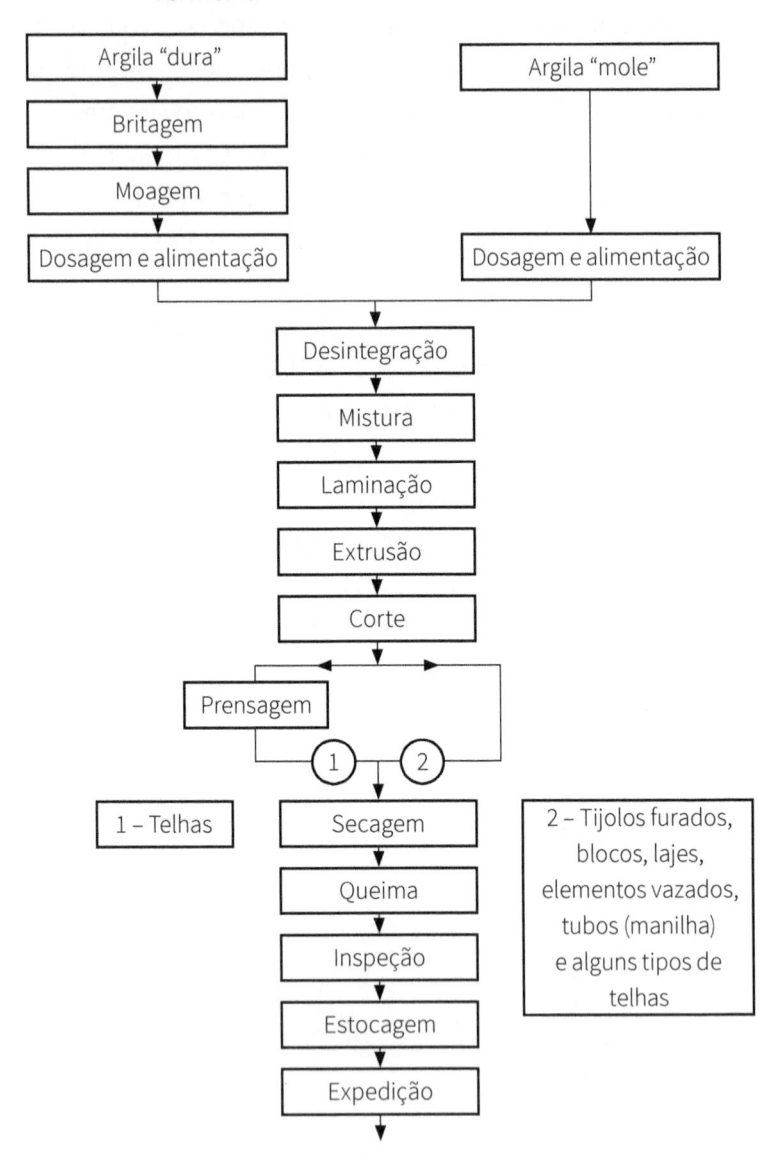

```
   Argila "dura"                          Argila "mole"
        ↓
     Britagem
        ↓
     Moagem
        ↓
Dosagem e alimentação              Dosagem e alimentação
        └──────────────┬──────────────────┘
                       ↓
                 Desintegração
                       ↓
                    Mistura
                       ↓
                   Laminação
                       ↓
                    Extrusão
                       ↓
                     Corte
                   ↓      ↑
              Prensagem   │
                  ↓       │
                 (1)    (2)
  1 – Telhas    Secagem       2 – Tijolos furados,
                   ↓             blocos, lajes,
                 Queima          elementos vazados,
                   ↓             tubos (manilha)
                Inspeção         e alguns tipos de
                   ↓             telhas
                Estocagem
                   ↓
                Expedição
```

5.4.2 Prensagem a seco

Com uma prensa, que pode ser hidráulica, mecânica ou mista, aplica-se pressão sobre um molde que contenha o material cerâmico granulado com baixo nível de umidade, em torno de 5% a 15%. Desse modo, pode-se obter ladrilhos, azulejos, telhas e placas de materiais refratários.

A prensa pode ser de mono ou dupla ação – esta última atua no topo e na base do molde para melhorar a uniformidade da prensagem. Esse instrumento ainda pode contar com sistemas de vibração, vácuo ou aquecimento, dependendo das exigências técnicas. O molde pode ser de aço carbono com tratamento superficial para melhorar a resistência à abrasão.

Podem ser utilizados lubrificantes e/ou plastificantes para aumentar a plasticidade e, dessa forma, reduzir o atrito com as paredes do molde. O uso de compostos orgânicos, como amidos ou ceras, facilita a operação de prensagem em materiais de baixa plasticidade, como massas ricas em talco, óxidos fundidos, refratários com teor considerável de chamote, entre outros.

Outra possibilidade é o uso da prensa isostática, na qual os moldes são feitos de elastômeros. Estes são fechados hermeticamente, e a pressão é aplicada por um fluido que envolve o molde como um todo, transferindo a pressão de maneira homogênea. Nesses casos, a peça é conformada praticamente sem umidade, e esse tipo de prensa é utilizado para peças técnicas mais refinadas, de elevadas densidade e resistência mecânica, como isoladores elétricos, bicos aspersores para sistemas de irrigação e em corpos de prova para pesquisas científicas (Norton, 1973; Abceram, 2020).

5.4.3 Moldagem plástica

Um dos métodos mais antigos para conformação de argilas, a moldagem plástica pode ser feita manualmente em cerâmicas artesanais por meio de tiras ou rolos, também chamados de *acordelados*, ou em tornos, para obtenção de peças redondas, nos quais já é possível algum grau de automação.

Esse processo é bastante utilizado na indústria de cerâmica branca para fabricação de louças, tais como pires, pratos, xícaras e tigelas.

Figura 5.5 – Moldagem automática para a fabricação de pratos

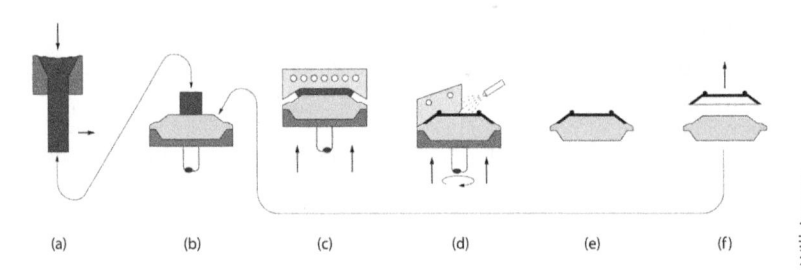

Fonte: Norton, 1973, p. 138.

Na Figura 5.5, constam as seguintes etapas:

a. a massa plástica é extrudada e depois cortada em dimensões apropriadas;
b. um bloco de massa é colocado sobre um molde de gesso – contendo apenas a parte inferior;
c. uma forma aquecida prensa a massa que se espalha sobre o molde de gesso;

d. o conjunto molde e prato é colocado na cabeça do torno e se realizam o desbaste e polimento, dando um acabamento ao prato;
e. molde e peça são separados;
f. o prato é transportado a um secador contínuo.
(Norton, 1973, p. 138)

Algumas peças de maiores dimensões são moldadas manualmente no torno, como saladeiras e pratos de bolo.

5.4.4 Colagem de barbotina

A colagem de barbotina, também chamada de *fundição por suspensão*, consiste em se verter uma solução que contém a argila de interesse mais um defloculante sobre um molde poroso de gesso. A água da suspensão é gradualmente absorvida pelo molde, deixando uma camada sólida nas paredes deste. Ao se atingir a espessura desejada, o molde é invertido e o excesso da solução é retirado por gravidade.

Figura 5.6 – Colagem de barbotina

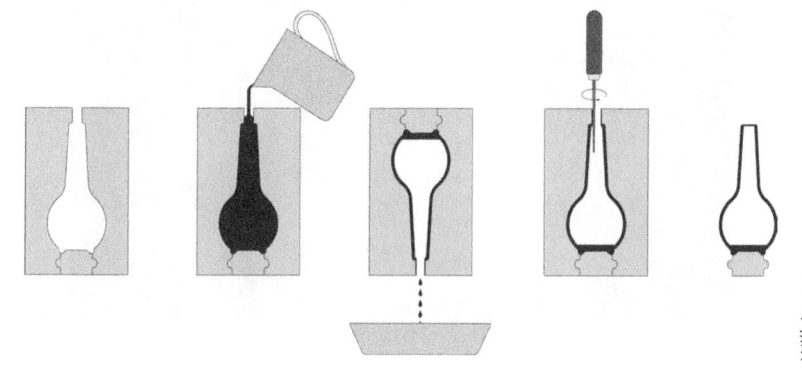

Fonte: Norton, 1973, p. 142.

As etapas para confecção de peças por colagem de barbotina são:

a. montagem do molde;
b. derramamento de barbotina sobre o molde;
c. drenagem do excesso de solução;
d. eliminação de rebarbas;
e. desmontagem do molde e remoção da peça.

Esse método é utilizado na fabricação de louça branca para peças que não podem ser moldadas por revolução no torno, como bules, leiteiras e formas. Alças e cabos são obtidos de modo semelhante e, posteriormente, são colados com barbotina nas peças maiores. Esse processo também é empregado na produção de louça sanitária, encanamentos industriais, grandes recipientes e blocos de revestimento de tanques industriais.

Figura 5.7 – Molde de gesso aberto para vaso sanitário

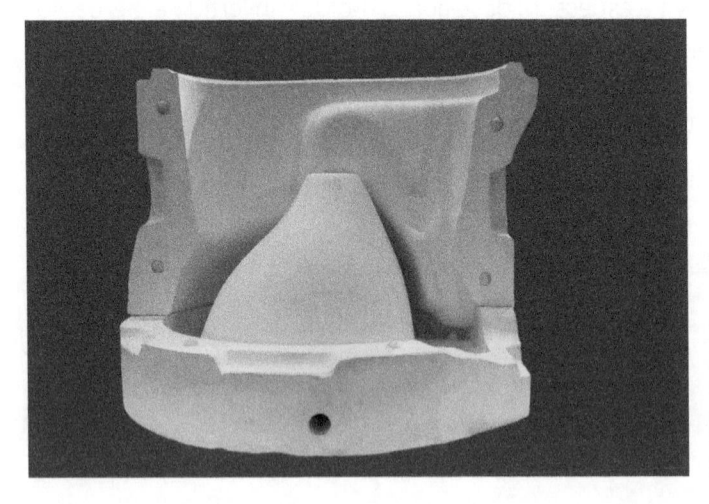

Mr.1/Shutterstock

Para obtenção de peças sólidas, a solução deve permanecer em contato com o molde até o seu preenchimento completo. Deve haver um respiro para escapamento do ar e um reservatório de solução para suprir a retração de solidificação da peça. Conforme a peça seca, ela se contrai e se separa do molde. Este é, então, desmontado e segue para reutilização.

A solução de barbotina deve ser muito bem preparada e obedecer aos valores estipulados para se obter uma elevada razão sólido-água. Além disso, deve ter uma gravidade específica alta e, ao mesmo tempo, ser bastante fluida e derramável. Nesse caso, são normalmente utilizados como defloculantes o silicato de sódio e o carbonato de sódio (Norton, 1973; Callister, 2000).

5.5 Processos de secagem

Ao secarem, as peças cerâmicas se retraem em razão da perda de água. Por isso, esses produtos devem secar lentamente, caso contrário pode haver uma retração desigual entre as diferentes partes, levando ao trincamento e à consequente perda da peça.

A secagem ocorre em etapas. Primeiro, evapora-se a água superficial, que é um processo mais rápido. Depois, a água do interior da peça aflui até a superfície por atração capilar, em virtude da diferença de pressão, uma etapa mais lenta. Durante a secagem, a contração pode variar entre 8% e 12% (Andrade, 1995).

A velocidade de evaporação da água depende da temperatura e da umidade relativa local, da velocidade do fluxo de ar e da temperatura da água dentro da peça cerâmica. Ou seja, quanto mais seco e quente o ambiente, mais rápido será o processo de secagem, pois a circulação forçada de ar acelera esse processo.

Quando a retração é excessiva, o aparecimento de defeitos é inevitável. Nesses casos, pode ser necessário mudar a composição da pasta cerâmica para aumentar a porcentagem de antiplásticos na massa. Os materiais relativamente mais grosseiros reduzem a porcentagem de água necessária à moldagem e, da mesma maneira, diminuem a retração. Outra possibilidade é alterar o método de conformação; por exemplo, a moldagem sob pressão requer menos água e, assim, a retração de secagem é desprezível.

Em escala industrial, pode haver secadores do tipo túnel contínuo aquecido a vapor, do tipo túnel com perda de calor, contínuo de umidade controlada, de piso quente ou de calor radiante (Norton, 1973).

5.6 Acabamentos dos materiais

Em cerâmica artesanal, o acabamento consiste em um alisamento com esponjas para remoção de marcas indesejáveis. Alguns produtos podem passar por etapas adicionais de acabamento após a queima, como polimento, corte ou furação.

Para material vindo do processo de extrusão, pode ser utilizado o torneamento, manual ou mecânico, para finalização de peças.

Também pode ser feito um rebaixo na parte inferior da peça, para que este seja o ponto de contato com as placas do forno.

Quando é necessária a impermeabilização da peça cerâmica, costuma-se aplicar um vidrado (esmalte), que, após a queima, forma uma camada de recobrimento de aspecto vítreo, dura, não absorvente e de fácil limpeza. Essa camada de esmalte contribui com o aspecto estético e higiênico e também pode melhorar as propriedades mecânicas e de isolamento elétrico da peça. O vidrado pode ser queimado junto com o corpo cerâmico (monoqueima) ou após a peça-base (biscoito) ser queimada – assim ela recebe o esmalte e passa novamente pela queima.

Os esmaltes são formulados com minerais naturais e produtos sintéticos. Podem ser classificados em esmalte cru, esmalte de fritas ou uma mistura de ambos.

O esmalte cru é formado pela suspensão das matérias-primas com granulometria bastante fina. Durante a queima, funde-se e adere à peça; ao se resfriar, adquire o aspecto vítreo. É utilizado em peças que queimam acima de 1.200 °C, como louças sanitárias e porcelanas.

O esmalte de fritas é composto por materiais que já passaram por aquecimento, fundiram-se e sofreram resfriamento brusco, com o objetivo de insolubilizar alguns compostos antes solúveis em água, resultando nas fritas. Por exemplo, os compostos de boro são, em geral, solúveis e devem ser transformados em um vidro de borato insolúvel para serem utilizados na composição de um vidrado. A fritagem também deixa o vidrado úmido mais fácil de ser trabalhado, distribui a cor de forma mais homogênea e deixa o manuseio do chumbo menos perigoso (por conta de sua toxicidade). O processo de fritagem acontece entre 1.300 °C e 1.500 °C, e esse tipo de esmalte pode ser aplicado em peças queimadas abaixo de 1.200 °C.

Os esmaltes podem ser aplicados de diversas maneiras, dependendo do tamanho, do tipo da peça e da característica de acabamento desejada. Algumas possibilidades de aplicação do esmalte são: imersão, pulverização, campânula, cortina, disco, gotejamento e aplicação em campo eletrostático.

Para dar cor à peça cerâmica, podem ser adicionados corantes na composição do esmalte. Esse processo pode ser realizado pela incorporação de íons cromóforos, geralmente metais de transição (cromo, cobre, ferro, cobalto, níquel, manganês, urânio e vanádio); por dispersão coloidal de compostos químicos, metaloides ou metais, como ouro, prata e cobre; ou, ainda, por dispersão de cristais coloridos, chamados *pigmentos cerâmicos*.

Os pigmentos cerâmicos são compostos por uma mistura de óxidos e outros compostos químicos, os quais devem ser devidamente pesados, misturados e moídos para então serem calcinados em caixas refratárias acima de 1.200 °C. Após a queima, são lavados para remoção de material solúvel, novamente moídos e depois acondicionados. Os pigmentos são extremamente estáveis em altas temperaturas e resistentes a ambientes corrosivos (Norton, 1973; Andrade, 1995; Abceram, 2020).

Alguns materiais podem passar por um processo de decoração adicional, como serigrafia, decalcomania e/ou pintura artística com pincel, os quais adquirem as propriedades finais após a queima da peça.

Síntese

Neste capítulo, estudamos que os argilominerais são os principais representantes das matérias-primas cerâmicas. Sua estrutura laminar, combinada com a presença de água, confere plasticidade à massa cerâmica, facilitando seu processamento, que pode ocorrer por extrusão (para obtenção de perfis contínuos) ou por moldagem plástica, com auxílio do torno (para obtenção de produtos arredondados). Outros métodos de modelagem que abordamos incluem a prensagem a seco e a colagem de barbotina.

O ensaio típico para os materiais cerâmicos é o de resistência à flexão em três pontos. De modo geral, as cerâmicas apresentam melhor resistência à compressão e têm comportamento frágil quando solicitadas em tração ou impacto.

Por fim, vimos o processo de secagem, cujo tempo deve ser respeitado para evitar o surgimento de trincas nas peças, e o de acabamento, que consiste na aplicação de esmaltes, decalques e/ou pintura artística, os quais devem passar por processo de queima para aderir à peça.

Atividades de autoavaliação

1. Considere as sentenças a seguir sobre os materiais cerâmicos:

    I. Argilominerais são formados por estruturas em camadas de silicatos alternados com hidróxido de alumínio. Diversos elementos metálicos podem estar presentes em substituição ao alumínio, desde que seja mantida a neutralidade elétrica.
    II. Cerâmicas exibem comportamento frágil, quando solicitadas em compressão.
    III. A identificação precisa da composição química dos argilominerais é difícil, pois não há equipamento próprio para tal.
    IV. Plasticidade é a capacidade de o material cerâmico se deformar em um ensaio de tensão-deformação.
    V. A modelagem por extrusão é uma das mais utilizadas para a formação de peças cerâmicas a partir da argila, mas a secagem ineficiente pode levar a trincas por expansão durante o cozimento.

    Agora, assinale a opção que contém as alternativas corretas:
    a) I, II, III, IV e V.
    b) I, II, III e V.
    c) I e V.
    d) I, III e V.
    e) I, II, IV e V.

2. Analise se as afirmações a seguir são verdadeiras (V) ou falsas (F).

( ) Cerâmicas podem ser formadas por meio da prensagem de pós com as matérias-primas de interesse à temperatura ambiente. Essa prensagem é suficiente para coalescência das partículas e obtenção de alta resistência mecânica.

( ) A composição das pastas cerâmicas depende do tipo de conformação que será utilizada. No caso da conformação plástica, é necessário um teor elevado de água.

( ) A composição de uma pasta cerâmica para extrusão requer água de moldagem, material argiloso e material antiplástico. Fundentes são adicionados considerando a etapa posterior de queima.

( ) O método de colagem de barbotina requer apenas elevada quantidade de água para solubilizar a matéria-prima de interesse.

( ) A prensagem a seco é um método de relevância na obtenção de formas geométricas simples para os materiais cerâmicos.

Agora, assinale a alternativa que contém a sequência correta.

a) F, V, V, F, V.
b) F, V, V, F, F.
c) V, V, V, F, V.
d) F, V, V, V, F.
e) V, F, V, V, F.

3. Sobre os materiais cerâmicos, é **incorreto** afirmar:
   a) Alguns dos materiais mais duros conhecidos são cerâmicos, como os carbetos de boro e de tungstênio.
   b) A resistência à tração é sempre menor que o valor teórico por conta da presença de microdefeitos atuantes como concentradores de tensão.
   c) Cerâmicas são utilizadas como abrasivos em discos de corte e polimento.
   d) As cerâmicas não se deformam plasticamente, pois não existem sistemas de escorregamento em nível atômico.
   e) A fratura ocorre de modo frágil quando as cerâmicas são tensionadas em tração ou cisalhamento.

4. Os diferentes tipos de massas cerâmicas são preparados de acordo com as técnicas empregadas para dar forma às peças. Sobre a classificação das massas, assinale a alternativa correta.
   a) Massas secas, também chamadas *barbotinas*, são utilizadas para obtermos peças por extrusão.
   b) Massas líquidas são empregadas para a obtenção de peças por "colagem" (enchimento, fundição) em moldes de gesso ou resinas porosas.
   c) Massas plásticas são utilizadas para obtermos peças complexas por injeção em moldes de gesso.
   d) Massas secas ou semissecas, na forma granulada, são empregadas para obtermos peças ocas por injeção e sopro.
   e) Massas sólidas em blocos rígidos são utilizadas para a obtenção de peças com geometria diversa por processo de forja.

5. De acordo com a Associação Brasileira de Cerâmica (Abceram), os materiais cerâmicos podem ser classificados nos seguintes grupos: cerâmica vermelha, cerâmica branca, materiais de revestimentos, refratários, isolantes térmicos, fritas e corantes, entre outros. Sobre essa classificação, analise as afirmativas a seguir.

   I. O grupo das cerâmicas vermelhas abrange tijolos, azulejos, porcelanatos e correlatos.
   II. O grupo das cerâmicas brancas abrange louças de mesa e cerâmica artística (decorativa e utilitária), entre outros.
   III. O grupo dos refratários inclui blocos, tijolos, argamassas e argilas isolantes de elevada resistência ao calor.
   IV. O grupo das fritas e corantes inclui fibras e mantas aplicadas em fornos industriais e proteção de motores.

   Agora, assinale a opção que contém as alternativas corretas:
   a) I e IV.
   b) I, II e IV.
   c) Apenas a alternativa III é verdadeira.
   d) II e III.
   e) I, II, III e IV.

6. Analise as assertivas a seguir a respeito do processo de colagem por barbotina, também conhecido como *enchimento* ou *fundição*.

   I. Após passar por um atomizador, as partículas em pó são dosadas e dissolvidas em doses controladas de água sanitária (hipoclorito de sódio). Posteriormente, com adição de solventes, suas propriedades reológicas são controladas.

II. Após serem obtidos tarugos em massa plástica, estes são diluídos com água destilada em turbodiluidores e diretamente encaminhados para a extrusão das peças.

III. As matérias-primas são dosadas, moídas e diluídas com água para se obter uma barbotina. Posteriormente, é realizado o controle das suas propriedades reológicas, com ajuste da presença de água e adição de defloculante. Desse modo, está pronta para seguir ao processo de "colagem".

IV. As matérias-primas são misturadas e acrescidas de solução aquosa e posteriormente são filtradas em filtros prensa. Depois podem seguir diretamente ao processo de "colagem".

Agora, assinale a opção que contém as alternativas corretas:

a) I, II, III e IV.
b) I, III e IV.
c) I e II.
d) II e III.
e) Apenas a III é verdadeira.

7. Para adquirir resistência mecânica e ser resistente à água e a produtos químicos, as peças conformadas devem sofrer pelo menos uma queima para obtenção de um produto cerâmico. Sobre esse processo, assinale a alternativa correta.

a) Peças vidradas nunca podem ser queimadas em uma única etapa, pois assim não haveria a fixação do vidrado ao biscoito e ele se desprenderia da peça.
b) À temperatura de 350 °C, todo quartzo presente em uma massa passa a sua forma de alta temperatura, razão pela qual esta é considerada uma temperatura crítica na queima.
c) Por volta de 573 °C, a estrutura amorfa da argila reorganiza-se e ocorre a transformação da massa em cerâmica propriamente dita.
d) Peças decoradas podem receber mais que duas queimas: a primeira, denominada *biscoito*; a segunda, a queima do vidrado; e a terceira, a queima de baixa temperatura, para fixação de decalques, por exemplo.
e) Durante a queima, ocorrem diversas reações químicas que ocasionam aumento de volume das peças.

Atividades de aprendizagem
Questões para reflexão

1. Por que os materiais cerâmicos cristalinos geralmente não podem ser fabricados como os materiais poliméricos e os materiais metálicos? Quais as limitações encontradas quando comparamos as cerâmicas com os outros materiais?

2. Em geral, as cerâmicas são reconhecidas como elementos estruturais, a chamada *cerâmica vermelha*, e são relativamente baratas. Já as cerâmicas de mesa, ou cerâmica branca, têm

maior valor agregado. Quais as principais diferenças em relação à matéria-prima e ao processamento dessas duas importantes classes de materiais cerâmicos?

Atividade aplicada: prática

1. Olhe ao seu redor e imagine como são feitos os materiais cerâmicos presentes no seu dia a dia. Analise a louça sanitária e a as louças de cozinha, por exemplo. Como essas peças são fabricadas?

Capítulo 6

Processos de queima e cerâmicas especiais

Neste capítulo, estudaremos o processo de queima e densificação dos produtos cerâmicos. Em geral, são realizadas duas queimas: na primeira, obtém-se o chamado *biscoito*; na segunda, faz-se a esmaltação para dar acabamento e impermeabilizar a peça cerâmica.

Vamos conhecer os tipos de fornos e as opções de combustíveis, termopares e cones pirométricos utilizados para monitorar as temperaturas atingidas no processo, assim como os processos de vitrificação e sinterização que ocorrem durante a queima e que são os responsáveis pelo ganho de resistência das cerâmicas.

Estudaremos, ainda, os vidros e suas formas de processamento. E, por fim, trataremos das cerâmicas avançadas e de algumas aplicações das cerâmicas supercondutoras, área que tem apresentado um crescimento notável nas últimas décadas e que é um vasto campo de pesquisa na área dos materiais de engenharia.

6.1 Fornos e combustíveis

Os fornos para queima de material cerâmico podem ser de dois tipos básicos: **periódicos** ou **contínuos**. Nos fornos periódicos, o material é carregado, queimado e então resfriado para que se retirem as peças. Nos fornos contínuos, como o próprio nome diz, a carga ou a fonte de calor são movimentadas ao longo de câmaras, permitindo um maior aproveitamento do calor e dos gases de combustão.

Quanto à posição dos queimadores nos fornos periódicos, há fornos de chama direta e de chama invertida. No primeiro, a fornalha fica embaixo das peças para que os gases quentes subam, passem pelas peças e saiam pela chaminé, porém essa configuração gera um gradiente de temperaturas – a soleira é muito mais quente que as demais áreas do forno. No segundo tipo, esse problema é contornado, e os gases quentes circulam de cima para baixo em relação às peças, para então subirem à chaminé.

Figura 6.1 – Forno periódico com chama direta

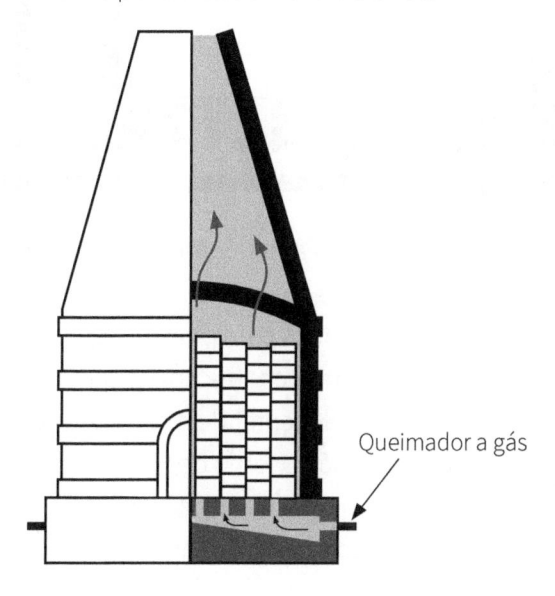

Figura 6.2 – Forno periódico com chama invertida

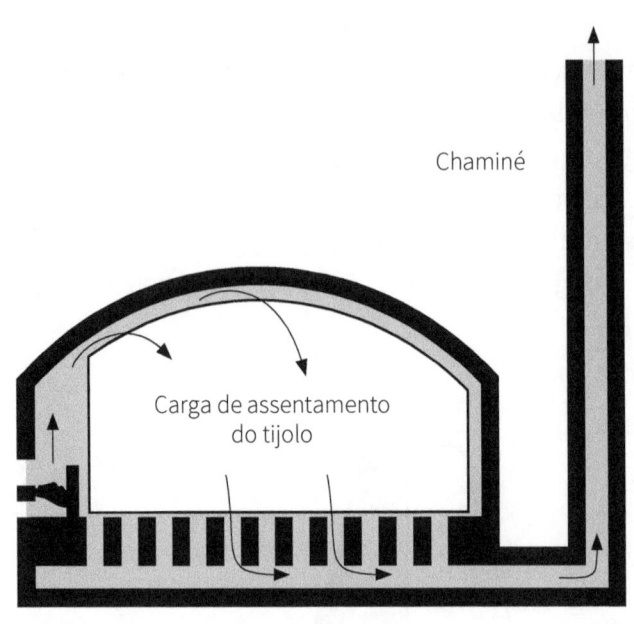

Em um forno contínuo de câmara, vários fornos se ligam lateralmente e são aquecidos em sequência, de forma que os gases de combustão são usados para preaquecer a carga dos fornos adjacentes. As câmaras com material já queimado são abertas para resfriamento, alimentando a câmara de combustão com ar preaquecido. No caso do forno de Hoffman, as câmaras são dispostas na forma de um anel e contêm vários pontos de queima, que podem ser movimentados ao redor do anel.

Figura 6.3 – Forno contínuo na forma de anel

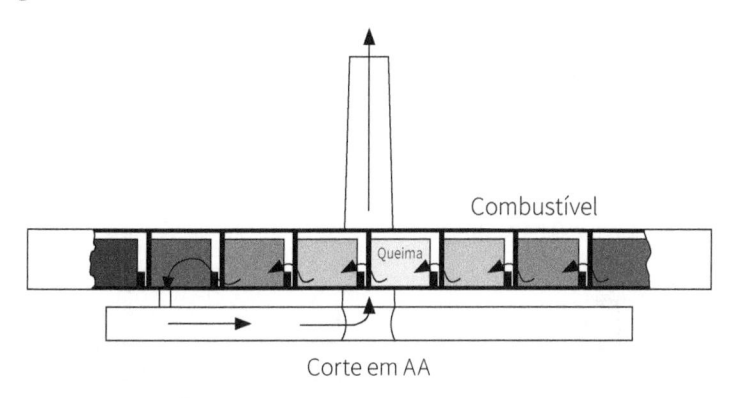

Combustível
Queima

Corte em AA

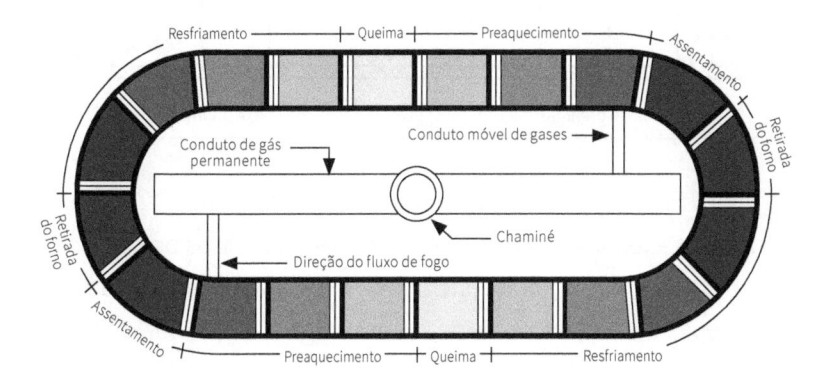

Resfriamento — Queima — Preaquecimento — Assentamento
Conduto de gás permanente
Conduto móvel de gases
Chaminé
Direção do fluxo de fogo
Retirada do forno
Assentamento
Preaquecimento — Queima — Resfriamento
Retirada do forno

Forno visto do topo sem a abóbada

Outra possibilidade de forno contínuo é o forno tipo túnel. Nesse caso, a fonte de calor permanece no lugar e as peças se movimentam em cima de carros. Assim, as operações de carregamento e descarregamento podem ser realizadas em local mais conveniente. Outra vantagem é a estabilidade das temperaturas ao longo do túnel, que são fixas nas seções de preaquecimento, queima e resfriamento, o que evita as variações excessivas, como acontece no forno de câmara. Em ambos os casos, é importante que o revestimento interno dos fornos seja feito com material refratário e que sejam aproveitados os gases aquecidos para aumento da eficiência energética (Norton, 1973).

Figura 6.4 – Forno do tipo túnel

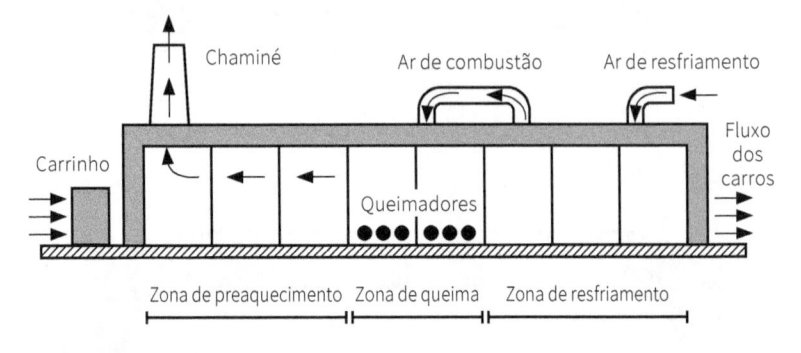

Hoje, os combustíveis outrora utilizados nos fornos cerâmicos – lenha e carvão – vêm sendo substituídos por óleo combustível e gás natural. Este último é cada vez mais utilizado por propiciar uma chama "limpa", sem fuligem e com baixo teor de enxofre.

Fornos elétricos também têm ganhado espaço no setor cerâmico. Aqueles de pequeno porte são bastante utilizados para cerâmica artística e em laboratório, pela relativa facilidade de operação. Nos fornos elétricos de alta temperatura (até 1.400 °C), as resistências são distribuídas nas paredes e são utilizadas resistências de Kanthal A1®, uma liga ferrítica de ferro, cromo e alumínio de alta resistividade e ótima resistência à oxidação.

Figura 6.5 – Forno elétrico para cerâmica artística

Baloncici/Shutterstock

A atmosfera dos fornos elétricos é fortemente oxidante, indicada para a maioria dos esmaltes cerâmicos. Alguns casos específicos pedem atmosfera controlada, e assim pode-se utilizar atmosfera neutra pela circulação de nitrogênio. Se o combustível for à base de carbono ou houver no forno elementos resistivos ou cadinhos de grafita, a atmosfera torna-se redutora, o que pode ser interessante para a produção de vidrados metalizados, obtidos pela conversão dos óxidos de ferro e de cobre nos respectivos elementos metálicos (Andrade, 1995; Canotilho, 2003).

6.2 Massas cerâmicas

A queima do material cerâmico causa o aumento da densidade pela redução da porosidade e pelo consequente aumento da resistência mecânica. Durante o processo de queima, as transformações das massas cerâmicas podem ser estudadas pela análise térmica diferencial (DTA), que avalia a perda de massa e a liberação ou absorção de energia com o aumento da temperatura a uma velocidade controlada.

Uma curva típica de análise térmica de material cerâmico inclui:

- perda de água livre até aproximadamente 250 °C, que resulta em um aumento da quantidade de poros;
- perda de água quimicamente ligada e a desidroxilação das argilas, que acontece em torno de 500 °C, muitas vezes acompanhada de uma reorganização estrutural;
- em torno de 573 °C, o quartzo sofre inversão da forma de baixa temperatura para de alta temperatura, acompanhado de uma dilatação de cerca de 2%, o que pode, em alguns casos, causar trincamento das peças;
- acima dos 500 °C, o caulim se transforma em metacaulinita;
- pode haver oxidação da matéria orgânica residual com liberação de gás carbônico até os 700 °C.

Gráfico 6.1 – Curvas de análise térmica (TG e DTA) para argila do tipo caulim

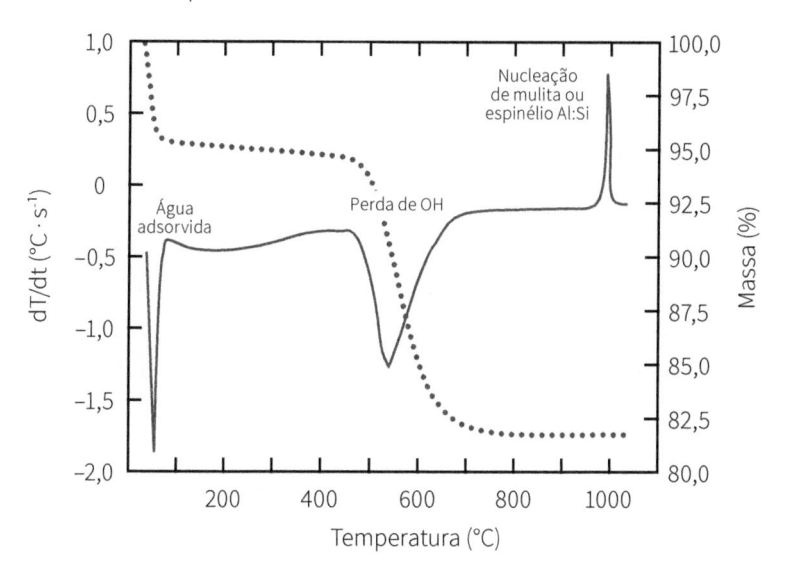

[Gráfico com eixo x: Temperatura (°C) de 0 a 1000; eixo y esquerdo: dT/dt (°C·s⁻¹) de -2,0 a 1,0; eixo y direito: Massa (%) de 80,0 a 100,0. Indicações: "Água adsorvida", "Perda de OH", "Nucleação de mulita ou espinélio Al:Si"]

Fonte: Santana et al., 2012, p. 241.

Conforme a quantidade e o tipo de fundentes contidos na massa cerâmica, acontece o processo de vitrificação, normalmente acima dos 900 °C. Esse processo é responsável pelo fechamento da porosidade e pela contração da peça. Forma-se uma fase líquida que envolve as partículas e fecha a maior parte dos poros por ação capilar e redução da tensão superficial.

Durante o resfriamento, o quartzo volta para sua forma de baixa temperatura, contraindo-se os mesmos 2%, e a fase fluida forma uma matriz vítrea que torna a peça mais densa e resistente. A extensão da vitrificação depende da temperatura e do tempo de queima, assim como da composição da massa cerâmica. O excesso de fase vítrea pode comprometer a integridade da peça, a qual pode colapsar sobre si mesma. Por esse motivo, deve-se buscar a temperatura ideal, que garanta boas propriedades com economia de energia durante a queima.

Pode acontecer a densificação de material cerâmico sem a presença da fase líquida. Em alguns materiais cerâmicos não argilosos, obtidos pelo método de prensagem, a queima em altas temperaturas promove o aumento da densidade e a resistência por um processo conhecido como *sinterização*. A temperatura elevada propicia o coalescimento das partículas de pó, as quais gradativamente passam por um empescoçamento ao longo das regiões de contato entre partículas adjacentes. Além disso, os poros diminuem de tamanho e se tornam mais esféricos, resultando na formação de um corpo sólido de elevada densidade. A força motriz desse processo é a redução da área superficial total das partículas (Callister, 2000; Canotilho, 2003).

Figura 6.6 – Estágios da sinterização

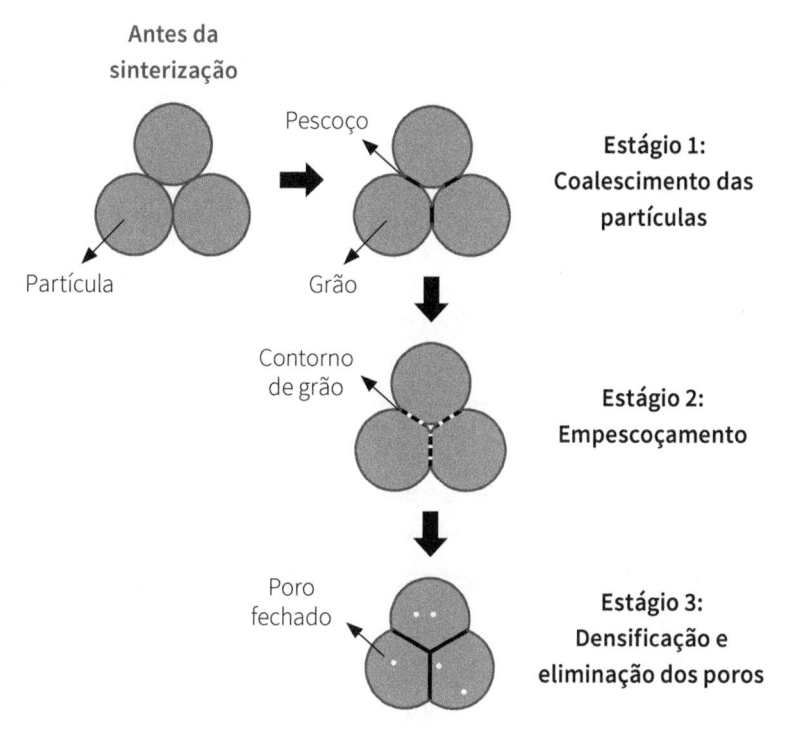

Antes da sinterização
Partícula

Pescoço
Grão
Estágio 1: Coalescimento das partículas

Contorno de grão
Estágio 2: Empescoçamento

Poro fechado
Estágio 3: Densificação e eliminação dos poros

6.3 Medição de temperatura

Durante a queima de materiais cerâmicos, o controle de temperatura é fundamental para um bom resultado das peças acabadas. Cada composição cerâmica atinge seu ponto ótimo de densificação em temperaturas específicas, que devem ser avaliadas conforme exigências definidas para o produto final.

No caso dos esmaltes cerâmicos, utilizados para dar acabamento e impermeabilizar as peças, cada composição tem uma faixa de temperatura de trabalho. Se a temperatura ficar abaixo do ponto de fusão do esmalte, não há brilho; se essa temperatura for ultrapassada, o esmalte escorre, causando em defeito estético e comprometendo a região do forno na qual houve escorrimento.

Em geral, os fornos cerâmicos são equipados com um pirômetro, equipamento que fornece a temperatura em seu interior. Os pirômetros podem ser compostos por termoelementos, conhecidos como *termopares*, e por um dispositivo de conversão para leitura em graus centígrados. O funcionamento do termopar é baseado no efeito Seebeck, segundo o qual, quando a junção de dois metais ou ligas metálicas diferentes é aquecida, gera-se uma força eletromotriz entre as extremidades dos fios. A tensão gerada é aproximadamente proporcional à temperatura entre as extremidades dos fios.

Com base nesse princípio, são comercializados vários tipos de termopares, que se diferenciam pelo par metálico utilizado e pela configuração da junta de medição. Cada tipo de termopar tem uma faixa de temperatura de trabalho ideal, na qual apresenta maior sensibilidade de medição assim como resistência química diferenciada quanto à atmosfera de trabalho, seja oxidante, seja redutora.

Um dos termopares mais utilizados em cerâmicas e em outros setores é o do tipo K, em razão do baixo custo e da ampla faixa de operação. Esse tipo de termopar é composto pelas ligas cromel alumel pode ser utilizado desde −40 °C até 1.200 °C, é resistente a atmosferas oxidantes e tem sensibilidade de aproximadamente

41 mV/°C. Para medição de temperaturas acima dos 1.200 °C, os termopares com platina são os mais indicados, incluindo os tipos B, R e S, que medem de 300 °C até 1.700 °C aproximadamente (Alutal, 2020).

Outro método de aferição de temperatura utilizado em fornos cerâmicos são os pirômetros de cone. Trata-se de pequenas pirâmides de composição especial colocadas no interior do forno e devem ficar em local de fácil visualização. Existem cones para as temperaturas de 600 °C até 1.435 °C, e, quando atingem sua temperatura nominal, a extremidade superior se funde, curvando-se para baixo e tocando a base. Os pirômetros de cone podem ser colocados em vários pontos do forno para mapear a variação de temperatura em seu interior. Sua utilização serve como uma espécie de testemunho do processo de queima, e seu dobramento é função da temperatura e da taxa de aquecimento utilizada (Andrade, 1995).

Figura 6.7 – Cones pirométricos

6.4 Vidros

Dos materiais cerâmicos, os vidros são uma classe à parte.
Às vezes, são denominados *líquidos super-resfriados* por conta da estrutura molecular desordenada.

No vidro, mais uma vez os tetraedros de silício e oxigênio funcionam como a unidade-base no reticulado, e outros cátions, como sódio e cálcio, ocupam posições aleatórias. Alguns óxidos podem formar um reticulado típico de materiais vítreos.

Na verdade, algumas regras devem ser observadas para se definir que um óxido possa ser formador de reticulado, conhecidas como regras de Zachariasen.

Regras de Zachariasen

- Cada oxigênio não pode se ligar a mais de dois cátions.
- O número de oxigênios ao redor de qualquer cátion deve ser pequeno.
- O poliedro de oxigênio é formado pelo compartilhamento de seus vértices de modo a formar um reticulado tridimensional.
- Três vértices do poliedro devem ser compartilhados.

Com base nesses critérios, dióxido de silício (SiO_2), trióxido de boro (B_2O_3), dióxido de germânio (GeO_2), pentóxido de fósforo (P_2O_5) e pentóxido de arsênio (As_2O_5) podem formar vidros. Outros elementos podem fazer parte da composição do vidro, classificados como **modificadores** ou **intermediários**.

Os modificadores de reticulado não podem formar vidros sozinhos, mas ocupam vazios na estrutura e enfraquecem as ligações do reticulado, diminuindo a temperatura de trabalho e a resistência química, elevando o coeficiente de dilatação térmica. Metais alcalinos, alcalinoterrosos, chumbo (Pb^{+4}) e zinco (Zn^{+2}) são alguns exemplos dos cátions modificadores.

Já os formadores de vidro intermediários podem entrar na estrutura até certo teor como substitutos dos formadores de reticulado, entre os quais pode-se citar alumínio, zircônio, cádmio e chumbo (Pb^{+2}). A capacidade de formar vidros está diretamente relacionada à força de ligação do cátion com o oxigênio, na qual os formadores têm as forças mais fortes, e os modificadores, as forças mais fracas.

De modo semelhante aos polímeros amorfos, os vidros apresentam temperatura de transição vítrea (Tg). Analisando o gráfico a seguir, pode-se perceber que os materiais cristalinos se solidificam na temperatura de fusão, reduzindo seu volume específico; já para os vidros a diminuição da temperatura reduz gradativamente seu volume específico até Tg.

Gráfico 6.2 – Comportamento típico de vidros e materiais cristalinos em função da temperatura

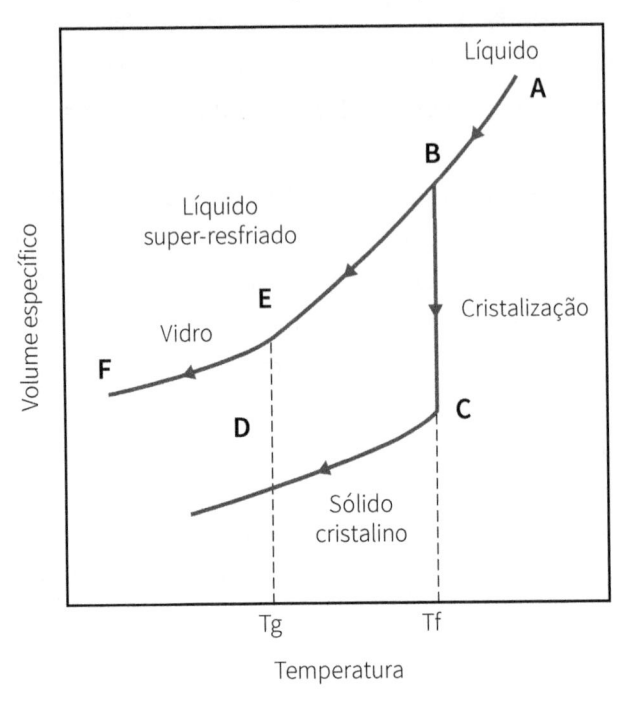

Com a redução da temperatura, o vidro se torna cada vez mais viscoso. Não existe uma temperatura definida em que o líquido se torna sólido, apenas uma faixa de temperatura em que se considera a existência de um líquido super-resfriado. A mudança de inclinação na curva de resfriamento marca a Tg, abaixo da qual o vidro é considerado um sólido.

O vidro mais comum é o de cal de soda, constituído por cerca de 70% de sílica e o restante principalmente por óxido de sódio (Na_2O) e cal (CaO), podendo conter também óxido de alumínio (Al_2O_3) e óxido de magnésio (MgO). Entre os vidros, o vidro de cal de soda é o que apresenta a temperatura de fusão mais baixa, por isso é o mais fácil de trabalhar além de ser durável e oticamente transparente. Com esse vidro, são fabricadas garrafas, vidros de janela, entre outros.

Gráfico 6.3 – Curva de viscosidade para um vidro de cal de soda

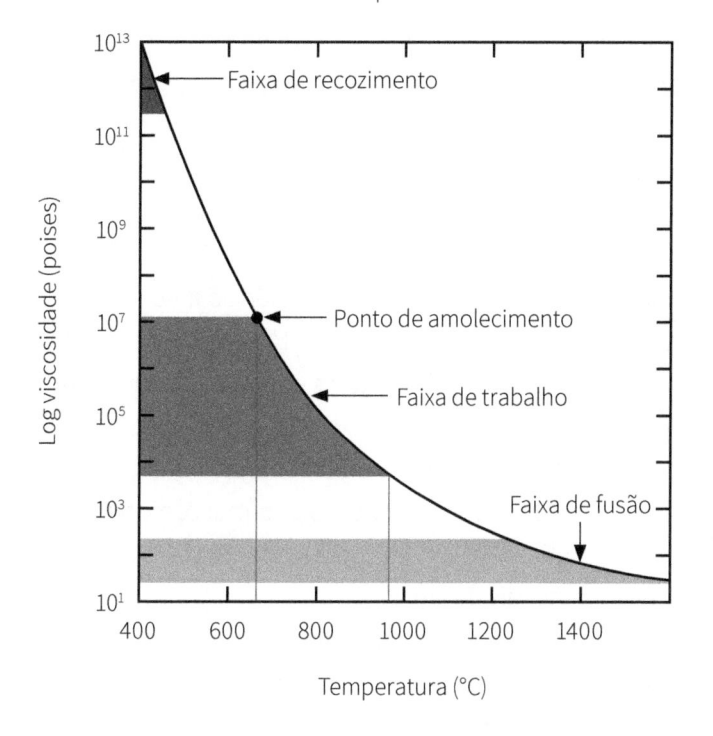

A viscosidade é uma propriedade importante no processamento dos vidros, pois determina a trabalhabilidade de uma composição. Como está assinalado no Gráfico 6.3, a faixa de trabalho do vidro de cal de soda vai de 700 °C a 950 °C aproximadamente. Se a curva de viscosidade for extrapolada até a temperatura ambiente, tem-se uma viscosidade de 10^{27} poises, a qual indica que um vidro sob tensão pode fluir à temperatura ambiente, porém com uma velocidade tão baixa que, em geral, é desprezível.

A faixa de temperatura de recozimento (tratamento térmico para alívio de tensões internas) apresentada no gráfico, em torno de 400 °C, indica que, nesse intervalo, podem ser aliviadas tensões oriundas de um resfriamento muito brusco. O recozimento também permite que a estrutura adquira uma condição mais estável, de maior densidade e maior índice de refração. Em alguns casos, o resfriamento rápido é desejável, como na produção de vidro temperado, quando são impostas tensões compressivas sob a superfície e tensões de tração no interior, resultando em uma maior resistência mecânica.

Os vidros do tipo pirex são compostos majoritariamente de sílica (acima de 80%) e contêm também óxido de sódio, óxido de alumínio, além de 13% de trióxido de boro. Sua característica marcante é o baixo coeficiente de dilatação térmica, responsável pela sua elevada resistência ao choque térmico, motivo pelo qual são bastante utilizados em utensílios domésticos que vão ao forno e em materiais de laboratório.

Obtidos pelo processo de devitrificação, os materiais vitrocerâmicos também são utilizados na fabricação de utensílios domésticos e na forma de placas para fogões elétricos de bancada. Esses materiais apresentam baixo coeficiente de expansão térmica, baixíssima porosidade, elevada resistência mecânica e grande condutividade térmica. São produzidos da mesma forma que o vidro, mas adicionando-se um agente de nucleação (frequentemente o dióxido de titânio) para induzir a cristalização em tratamento térmico controlado. As vitrocerâmicas também podem ser aplicadas em isolantes elétricos, substrato para placas de circuito impresso, revestimentos em trabalhos de arquitetura, trocadores de calor e regeneradores (Norton, 1973; Callister, 2000).

Figura 6.8 – Aplicações de vitrocerâmica: fogão de bancada e revestimento predial

Dmitrii D, Creative Lab/Shutterstock

6.4.1 Conformação do vidro

Para obtenção de produtos homogêneos e com alta transparência, as matérias-primas são aquecidas até sua fusão em cadinhos refratários ou em fornos-tanque quando o volume de produção é elevado. Máquinas alimentadoras fornecem gotas de vidro com peso e formato controlados pelo escoamento por meio de um orifício refratário. Essas gotas seguem para operação posterior, que pode ser a prensagem, no caso da fabricação de pires, pratos, bandejas e outros itens de paredes espessas. A prensagem é realizada com moldes de ferro fundido revestidos com grafita, os quais normalmente são aquecidos para um melhor acabamento da peça.

Para a produção de garrafas e outros recipientes, pode ser utilizado o método de prensagem seguido de sopro. Nesse processo, um tarugo de vidro com temperatura dentro da faixa de operação é posicionado em um molde e, após a prensagem com um pistão, o vidro toma os contornos do molde, resultando em um *parison* (forma temporária). Esse *parison* é posicionado em outro molde com o formato definitivo da garrafa e então é soprado com ar quente até atingir seu formato final.

Figura 6.9 – Etapas de prensagem e sopro para obtenção de garrafas de vidro

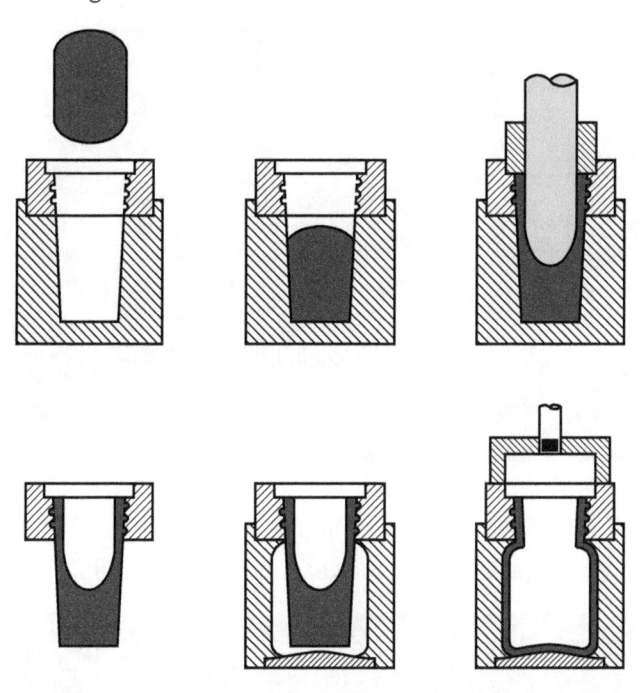

Esse processo é semelhante à obtenção das garrafas poliméricas por sopro, pelo qual uma variedade de modelos de garrafas ou recipientes podem ser obtidos com uma boa reprodutibilidade de detalhes. Em uma variação, pode ser utilizado sopro em duas etapas: para obtenção do *parison* no molde temporário e no molde definitivo, realizado em uma máquina de Lynch.

Figura 6.10 – Fabricação automatizada de garrafas de vidro: tarugo de vidro e garrafas após o sopro

Vera Larina/Shutterstock

Figura 6.11 – Fabricação automatizada de garrafas de vidro: garrafas sopradas em linha de produção

Anton Kurashenko/Shutterstock

Outras possibilidades de conformação de vidro são:

- estiramento contínuo, por meio do qual são obtidas peças longas, como tubos, barras e lâminas para vidro plano de janela;
- estiramento com flutuação em banho de estanho fundido, quando se deseja um melhor acabamento superficial;
- estiramento seguido de laminação, indicado para lâminas com espessura reduzida;
- trefilação (*spinning*), recomendado para obtenção de fibras de vidro, que podem ser contínuas, quando destinadas a uso têxtil, ou descontínuas, para uso em isolamento térmico, filtros e como reforço em compósitos poliméricos.

Muitas vezes, após a conformação, é necessária uma operação de recozimento, a qual pode ser realizada em estufas contínuas, em que a peça se movimenta sobre esteiras rolantes dentro de um túnel para que sejam aliviadas tensões de origem térmica. Pode ainda haver operações de esmerilhamento e polimento para um melhor acabamento superficial (Norton, 1973; Callister, 2000).

Curiosidade
Formação de cor em esmaltes e vidros cerâmicos

As cores são o resultado da absorção seletiva da luz visível que incide sobre os objetos, definidas em um intervalo no espectro da radiação eletromagnética, entre 400 nm e 700 nm. A formação de cor em peças cerâmicas se dá pela incorporação de pigmentos preparados a partir de íons de metais de transição ou de terras raras. A cor percebida depende do estado de oxidação do íon, da sua posição na estrutura cristalina e da influência de outros íons presentes.

Figura 6.12 – Exemplos de cerâmicas coloridas: garrafas de vidro e esmaltes sobre cerâmica branca

Para que determinado material seja considerado um pigmento cerâmico, deve ter estabilidade térmica e química para que, ao ser incorporado em misturas e posterior calcinação, mantenha suas propriedades, ou seja, a cor deve ser estável e reprodutível. Também é desejável que o pigmento tenha opacidade, portanto que não transmita luz pela matriz na qual for inserido e que não libere gases ao ser aquecido.

A medida da cor pode ser realizada por um espectrofotômetro, que registra a transmissão ou a reflexão de cada comprimento de onda do espectro. Com esse instrumento são medidas a tonalidade (comprimento de onda dominante), a saturação (quantidade de luz branca misturada) e a intensidade do brilho.

Existe um componente intangível referente à translucidez, que dá um aspecto de profundidade no caso de alguns esmaltes cerâmicos.

Os pigmentos cerâmicos podem ser classificados de acordo com a posição do íon cromóforo em **pigmento estrutural**, **pigmento encapsulado** (heteromórfico ou de oclusão), **solução sólida** e **pigmento mordente** (ou de adsorção).

O pigmento é estrutural quando o íon responsável pela cor faz parte da estrutura estequiométrica, como é o caso de alguns espinélios (estrutura cristalina do tipo $B^{2+}A_2^{3+}O_4$). No pigmento encapsulado, a matriz fornece um substrato para ancorar o cromóforo. No caso da solução sólida, o pigmento substitui algum íon na estrutura cristalina. Por fim, no pigmento mordente, o íon cromóforo está na forma de uma partícula coloidal.

A estrutura do tipo espinélio tem íons em coordenação tetraédrica e octaédrica, razão pela qual pode conter diferentes íons em solução sólida, mantendo seu reticulado estável. Alguns exemplos de pigmentos baseados em espinélios são o azul profundo de $CoAl_2O_4$, o castanho de $MnAl_2O_4$, o verde-escuro de $BaCr_2O_4$ e o preto de $CoFe_2O_4$. Os espinélios com base em aluminatos são os mais estáveis, seguidos pelos cromatos; aqueles com base em ferritas são os menos estáveis.

Outros exemplos de pigmentos relativamente famosos são:

- silicato de cobalto, que gera a cor azul conhecida como *azul-ultramarinho*;
- fosfato de cobalto calcinado, que, com alumina, forma o azul de Thénard;

- fluoreto de cromo, que origina o verde-claro, ou verde-vitória, com base em fluorita, sílica e cal;
- antimoniato de chumbo com cal, alumina e óxido de estanho, que dá origem ao amarelo de Nápoles;
- uranatos de cálcio e sódio, que são a base para vermelho, laranja e amarelo brilhantes, porém sua toxicidade restringe seu uso em cerâmica;
- óxidos de cobalto e magnésio, que formam o rosa de Berzelius.

Já os vidros utilizados para bebidas são encontrados principalmente nas cores âmbar e verde. O verde é obtido pela adição de óxido de cromo, e o âmbar é resultado da combinação entre ferro, enxofre e sódio, com sua tonalidade controlada pelo nível de redox, na predominância de ambiente redutor (Norton, 1973; MPM Vidros e Box, 2015).

6.5 Cerâmicas especiais e semicondutores

Até o momento, as cerâmicas relatadas são ditas *estruturais* e correspondem à grande maioria do mercado. Entretanto, vem crescendo o campo das cerâmicas avançadas, ou cerâmicas técnicas.

As cerâmicas avançadas exibem características singulares em relação a algumas de suas propriedades elétricas, magnéticas, óticas ou mecânicas, que tornam sua utilização possível em aplicações técnicas de elevada *performance*. O Quadro 6.1, a seguir apresenta diversas aplicações desses novos materiais.

Quadro 6.1 – Funções e aplicações das cerâmicas especiais

Funções elétricas e eletrônicas	Isolantes: Al_2O_3, BeO, MgO	Substratos de circuito impresso. Empacotamento. Substrato de resistores. Tubo de elétrons. Outros.
	Material ferroelétrico: $BaTiO_3$, $SrTiO_3$	Condensador cerâmico
	Materiais piezoelétricos (PZT)	Oscilador-gerador. Filtros. Transformador. Umidificador ultrassônico, gerador de faísca piezoelétrico.
	Semicondutores: tipo $BaTiO_3$, ZrO_2 SiC, tipo ZnO-BiO_3, tipo V_2O_5, outros Condutor iônico do tipo Al_2O_3, tipo ZrO_2	Termistor NTC, sensor de umidade. Compensador de temperatura. Termistor PTC. Compensador de temperatura. Termistor CTR. Junção termossensível. Termistor espesso, detetor de radiação infravermelha. Varistor. Proteção de excesso de tensão elétrica. SiCd sinterizado, bateria solar. Aquecedor de SiC: fonte de calor para forno elétrico e pequenos aquecedores. Eletrólitos para baterias sódio/enxofre.

(continua)

(Quadro 6.1 – continuação)

Funções magnéticas (Zn-Mn, Sr)	Ferritas moles Ferritas duras	Cabeças de gravação magnética. Sensor de temperatura. Magnetos de ferrita.
Funções ópticas Al_2O_3, ZnO, $MgCr_2O_4$-TiO_2	Alumina translúcida Magnésia translúcida Cerâmicas translúcidas do tipo Y_2O_3-ThO_2 Cerâmicas PLZT	Lâmpada de sódio de alta pressão. Janela de memória não volátil. Tubos de lâmpada especial. Janela para transmissão de infravermelho. Materiais para *laser*. Junção de memória óptica. Armazenamento de imagem. Junção óptico-sensível. Obturador (*shutter*) óptico. Válvula óptica.
Funções químicas Al_2O_3, ZnO, SnO_2, cordierita, NiO, $MgCr_2O_4$,TiO_2	Sensor de gás Sensor de temperatura Convertedor catalítico Catalisador orgânico	Sensor de vazamento de gás. Ventilador automático. Detetor de álcool. Junção de controle (termopar) para fornos elétricos. Catalisador para sistema exaustor de automóveis "Carreadores de enzimas estabilizadoras"
Funções térmicas Tipo ZrO_2; TiO_2	Radiador infravermelho	

(Quadro 6.1 – conclusão)

Funções mecânicas	Materiais de corte Materiais resistentes ao desgaste (Al_2O_3, SiC). Resistentes ao calor (SiC, Al_2O_3, Si_3N_4)	Ferramentas cerâmicas. Ferramentas de cermet. Selos mecânicos. Revestimento cerâmico. Peças de motor. Trocadores de calor. Dispositivos termorresistentes. Cadinhos de combustão para análise química.
Funções biológicas	Materiais de implantes (Al_2O_3, ZrO_2) Hidroxiapatita	Dentes e ossos artificiais. Articulações artificiais.

Fonte: Adamian, 2008, p. 100.

As cerâmicas avançadas podem ser classificadas de acordo com sua aplicação em:

- cerâmicas eletrônicas, utilizadas em tecnologia de ponta na indústria eletroeletrônica. São exemplos os substratos para chips, células solares, isoladores elétricos, dielétricos para capacitores, piezoelétricos, ferritas magnéticas, semicondutores, supercondutores e condutores iônicos;
- cerâmicas estruturais, empregadas em dispositivos com elevados requisitos mecânicos, como alto módulo de elasticidade, resistência mecânica em altas temperaturas, elevada dureza e inércia química. São exemplos as cerâmicas para motores e turbinas, energia nuclear, ferramentas de corte e usinagem e aplicações biomédicas.

Figura 6.13 – Aplicações das cerâmicas especiais: células solares, varistores em circuito eletrônico e parte de bomba de sucção

Iaremenko Sergii, KPixMining, aonitta/Shutterstock

Por conta de sua elevada especificidade, esses materiais têm alto valor agregado e requisitos técnicos que exigem processamento diferenciado em relação às cerâmicas tradicionais. O controle microestrutural é fundamental para obtenção das propriedades desejadas.

Normalmente, parte-se da matéria-prima sintética obtida por processos químicos, como processos sol-gel, precipitação, síntese hidrotérmica, decomposição química de vapor (CVD – do inglês *chemical vapor deposition*) e decomposição física de vapor (PVD – do inglês *physical vapor deposition*), dos quais espera-se obter pós de alta pureza, alta reatividade, com controle de tamanho e forma das partículas, em geral com distribuição de tamanhos de partículas bastante estreita.

Os métodos de conformação também são diferenciados e visam obter, de maneira homogênea, o máximo grau de compactação. Podemos citar o processo de colagem de fitas (*tape casting*), bastante utilizado em cerâmicas eletrônicas; a moldagem por injeção, empregada na obtenção de formas intrincadas; a estampagem (*silk-screening*), que origina pós ultrafinos, usados como tintas de impressão em um substrato adequado. Nesses casos, os pós cerâmicos são dispersos em um fluido que contém ligantes orgânicos, os quais devem ser eliminados em etapa prévia à sinterização.

Outro método bastante empregado em cerâmicas especiais é a prensagem a quente (*hot pressing*), também chamada *sinterização sob pressão*, na qual a conformação e a sinterização são realizadas simultaneamente, permitindo a orientação dos grãos e a obtenção de um corpo de elevada densidade em temperatura inferior e em menor tempo que as técnicas convencionais. Outra vantagem é a eliminação de aditivos e/ou ligantes durante o processo.

Em uma variação desse processo, pode ser utilizada a prensagem isostática a quente (HIP – do inglês *hot isostatic pressing*), com aplicação de pressão multidirecional, da qual são obtidas peças de formas complexas bem definidas e propriedades isotrópicas, especialmente quando a sinterização não é viável, como para carbeto de silício (SiC) e nitreto de silício (Si_3N_4). Essa técnica permite a densificação com controle microestrutural dos produtos (Adamian, 2008).

6.5.1 Cerâmicas eletrônicas

Neste tópico, destacaremos algumas cerâmicas com aplicação diferenciada, como os materiais cotados para substrato dos componentes eletrônicos dos circuitos integrados (CI), os chips. O substrato deve ser um isolante elétrico, ter baixa constante dielétrica e dissipar o calor gerado pelas correntes elétricas, ou seja, ser um bom condutor de calor.

Em geral, os materiais isolantes elétricos são também isolantes térmicos. Algumas exceções a essa regra incluem nitreto de boro (BN), carbeto de silício (SiC) e o nitreto de alumínio (AlN). Têm-se desenvolvido rotas de processamento que tornam o nitreto de alumínio apto para essa aplicação, pois, além das características elétricas, apresenta coeficiente de expansão térmica bastante próximo ao dos chips de silício, para os quais serve de substrato. Outras possibilidades de aplicação desse composto são em componentes optoeletrônicos, *laser* de alta energia, sensores de onda pulsante, ressonadores mecânicos, diodos emissores de luz e emissores de elétrons por campo.

Algumas cerâmicas exibem comportamento piezoelétrico, ou seja, a aplicação de uma força externa gera uma polarização que se reflete em um campo elétrico; em outras palavras, essas cerâmicas geram eletricidade por variação de pressão. Essa propriedade é encontrada no titanato de bário, titanato de chumbo, zirconato de chumbo, diidrogenofosfato de amônio e quartzo. É aplicada em geradores de faísca, transdutores (como as agulhas de toca-discos), microfones, geradores ultrassônicos, medidores de deformação em ensaio de tração e detectores por sonar.

Figura 6.14 – Experimento para demonstração da piezoeletricidade

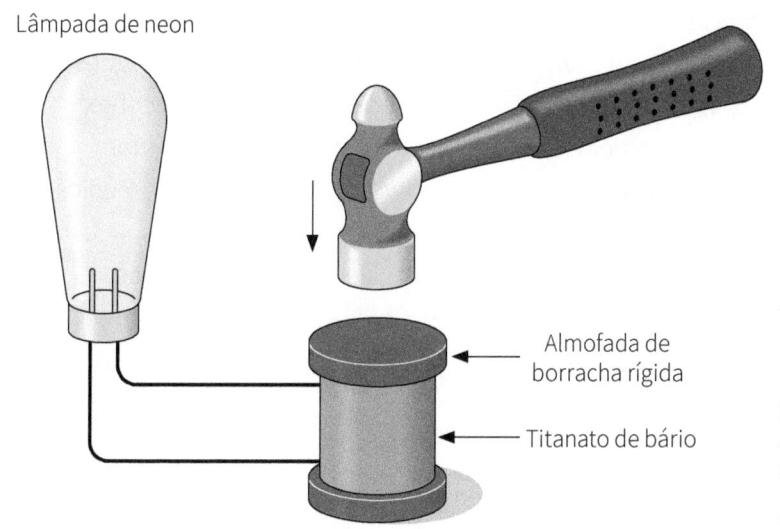

- Lâmpada de neon
- Almofada de borracha rígida
- Titanato de bário

Emre Terim/Shutterstock

Figura 6.15 – Aplicação do comportamento piezoelétrico em gerador de faísca para chama a gás

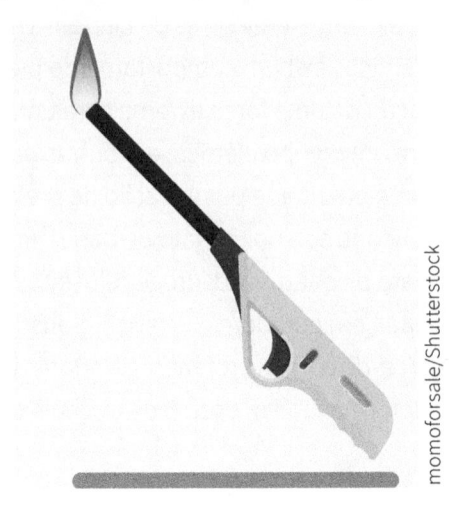

momoforsale/Shutterstock

Já os termistores são dispositivos semicondutores nos quais a resistência elétrica varia em função da temperatura. Sua sensibilidade é explicada pela variação no número de portadores de carga com a variação na temperatura. Alguns óxidos dos metais manganês, níquel, ferro, cobalto e cobre, ou uma combinação deles em solução sólida, apresentam essa característica e são utilizados em dispositivos de medição térmica.

As propriedades elétricas singulares de alguns óxidos metálicos (de zinco, estanho, cobre e antimônio) tornam seu uso adequado como varistores, ou seja, elementos de resistência elétrica variável conforme a tensão aplicada. Nas cerâmicas varistoras, são formadas barreiras de potencial nos contornos de grão, as quais promovem grande capacidade de absorção de energia elétrica e o seu escoamento, quando ocorre algum surto de tensão elétrica. Assim, apresentam comportamento resistivo em baixas tensões e comportamento condutor acima de certo valor de tensão, conhecido como *tensão de ruptura*. Esse tipo de cerâmica é utilizado na proteção de dispositivos eletrônicos contra sobrecargas, em para-raios, em terminais de subestações elétricas, entre outros.

O fenômeno da supercondutividade tem despertado muito interesse na comunidade acadêmica, e um dos principais desafios é encontrar supercondutores que atuem mais próximo da temperatura ambiente. Abaixo de 10 K de temperatura, alguns metais apresentam esse comportamento. A supercondutividade também é encontrada em alguns compostos cerâmicos em temperaturas mais elevadas – entre 90 K e 153 K para óxidos mistos de ítrio, bário e cobre ($YBa_2Cu_3O_7$), bismuto, estrôncio, cálcio e cobre ($Bi_2Sr_2Ca_2Cu_3O_{10}$) e mais algumas combinações.

Essa propriedade encontra um campo de aplicação promissor em superímãs para aceleradores de partícula, equipamentos de ressonância magnética, transmissão de sinais em computadores, trens de levitação magnética, entre outros (Callister, 2000; Molisani, 2017).

6.5.2 Cerâmicas estruturais

Segundo Adamian (2008, p. 117),

> o sucesso na aplicação de cerâmicas depende muito da capacidade de se desenvolver estruturas e componentes, de maneira a utilizar apropriadamente suas propriedades vantajosas e a minimizar o impacto de suas características limitantes ou restritivas.

As principais vantagens dessas cerâmicas são a relativa abundância se comparadas a alguns metais nobres usados em componentes de elevado desempenho, como molibdênio, cromo, níquel e titânio, a elevada dureza, a baixa densidade, o baixo coeficiente de expansão térmica, a resistência a temperaturas elevadas sem deformação e a resistência à corrosão em ambientes severos. Os fatores limitantes são a fragilidade em solicitações de tração ou choque e a dificuldade em dominar e controlar sua produção em escala para minimizar possíveis defeitos estruturais.

As cerâmicas mais utilizadas em componentes de alto desempenho são nitreto de silício (Si_3N_4), carbeto de silício (SiC), zircônia (ZrO_2) e alumina (Al_2O_3). Esses compostos são utilizados na fabricação de peças de motores adiabáticos, como pistão, camisa do cilindro, válvulas, coletores, rotor do turbo, entre outras. Diversas outras aplicações estão em desenvolvimento, principalmente por empresas automotivas japonesas. Outros setores nos quais cresce a utilização de cerâmicas de alto desempenho são a indústria aeroespacial, a de ferramentas de corte e a de bens de consumo (facas, tesouras, raquetes e esquis).

Figura 6.16 – Algumas aplicações de cerâmicas especiais: ferramentas para abrasão e polimento, componentes de motores automotivos, pastilhas de usinagem e facas de mesa

sevenke, Chesky, K.Kargona, Aumm graphixphoto/Shutterstock

Como nem sempre é possível fabricar todo um componente em material cerâmico, cresce a utilização dos revestimentos cerâmicos, em que o núcleo da peça é feito de um material tradicional, como o aço, fabricado em larga escala, sobre o qual se deposita um revestimento cerâmico. Assim, melhoram-se as propriedades de isolamento térmico e de resistência ao desgaste e à corrosão com um custo mais acessível.

Em geral, realiza-se um tratamento superficial na região em que será feito o revestimento para melhorar a adesão entre as camadas, seguido pela deposição do material cerâmico. Essa deposição, ou recobrimento, pode ser realizada por meio de eletrodeposição, deposição química, pulverização térmica, aspersão por plasma e deposição física ou química da fase vapor. Essa área é amplamente estudada pela engenharia de superfícies.

6.5.3 Biocerâmicas

Esse tipo de cerâmica é utilizado para reconstrução de partes do corpo humano danificadas ou perdidas. Encontram grande aplicação na ortodontia e na ortopedia como implantes dentários e reparos no sistema esquelético respectivamente. Também podem ser utilizadas na confecção de válvulas cardíacas.

Para ser considerado um biomaterial, é imprescindível que haja biocompatibilidade, ou seja, o material deve ser aceito e assimilado por parte do tecido vivo no qual foi inserido, não provocando reações alérgicas, dor, necrose e mutações nas células adjacentes. Em suma, o material deve ser aceito pelo corpo humano de forma que não gere reações como se fosse um corpo estranho.

Essa área é fundamentalmente interdisciplinar e envolve o trabalho de médicos, dentistas, biólogos, químicos, engenheiros, bioquímicos e afins. O processo contempla etapas de identificação da necessidade de determinado componente do corpo, projeto da peça, sintetização e caracterização do material, fabricação, esterilização, avaliação biológica, normalização, implantação, uso clínico e acompanhamento do uso no ser vivo (Adamian, 2008).

Figura 6.17 – Aplicações de biocerâmicas de zircônia reforçada com óxido de ítrio: prótese de cabeça de fêmur e espaçador entre vértebras

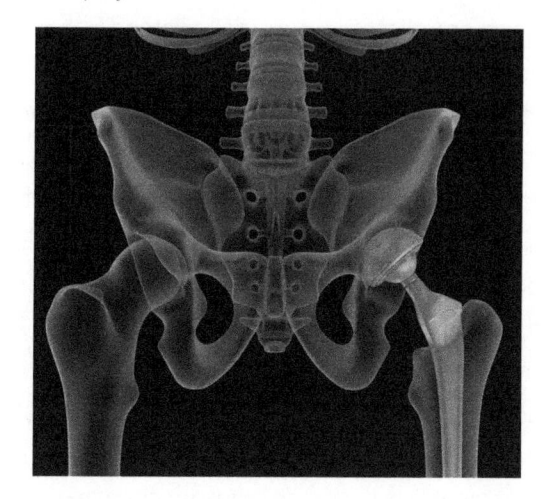

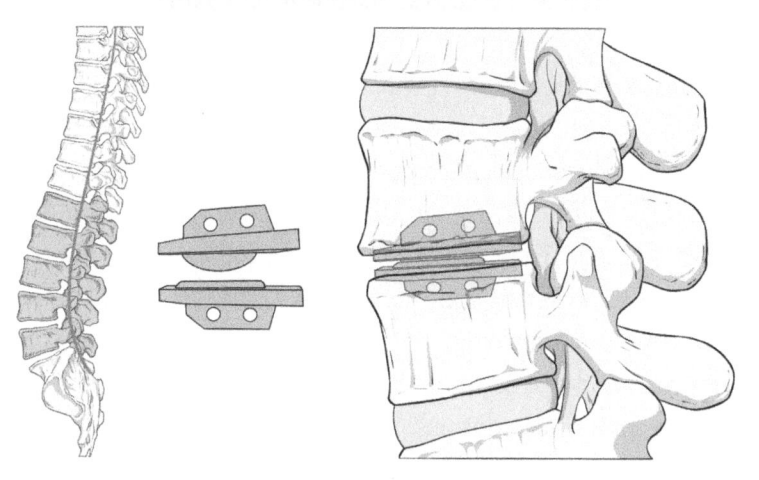

Alex Mit/Shutterstock e Will Amaro

O uso das cerâmicas como biomateriais remonta à utilização dos implantes dentários com porcelana, aplicados desde o final do século XIX. As características que tornam as cerâmicas aptas às aplicações biomédicas são elevada resistência ao desgaste, baixo coeficiente de atrito, ausência de toxicidade, alta resistência química (não sofrem corrosão) frente aos fluidos corporais e inércia química (na maioria dos casos) (Adamian, 2008). Alguns novos materiais são biorreativos e interagem com o sistema no qual foram inseridos, como os vidros bioativos ou biovidros de composição Na_2O-CaO-CaF_2-SiO_2-P_2O_5, que se conectam ao tecido vivo, auxiliando na restauração dos ossos.

A alumina vem sendo utilizada para implantes dentários e ossos artificiais desde 1975. A natureza inerte desse material, a elevada resistência mecânica e à abrasão, além de uma superfície bastante lisa, são fatores que incentivam seu uso como biomaterial.

Outro material que vem ganhando espaço nesse campo é a zircônia. Em virtude de sua elevada resistência mecânica e ao mecanismo de tenacificação por transformação de fase, tem sido utilizada em próteses para substituição total do quadril e outras próteses ósseas (Thamaraiselvi; Rajeswari, 2004).

Outros biomateriais importantes são a porcelana, o aluminato de cálcio, o ortofosfato de cálcio, a hidroxiapatita e os vidros bioativos. A hidroxiapatita, de fórmula $Ca_{10}(PO_4)_6(OH)_2$, é bastante similar à composição dos ossos e, quando implantada, estimula a incorporação de tecidos ósseos adjacentes, favorecendo a reconstrução da área afetada.

Por fim, ainda pode-se citar o uso do carbono nas formas vítrea, de carbono pirolítico, de LTI (*low temperature isotropic*) e depositado em fase vapor ou ULTI (*ultra low temperature isotropic*), que tem encontrado aplicação em válvulas cardíacas implantadas. Por sua presença abundante na matéria viva, o carbono tem ótima biocompatibilidade (Adamian, 2008).

Síntese

Neste capítulo, estudamos que os fornos para cerâmica podem ser do tipo intermitente ou contínuo, este último mais indicado para elevados volumes de produção. Abordamos também os combustíveis, que podem ser de origem fóssil, como gás e carvão e vimos que os fornos elétricos têm ganhado espaço na cerâmica artística e que são de operação mais simples.

Durante a queima dos materiais cerâmicos, ocorre a densificação e o ganho de resistência. Esses processos podem ser realizados via fase líquida, no caso da vitrificação, ou via sinterização.

Tratamos ainda do controle de temperatura, que pode ser feito com termopares ou pirômetros de cone, uma espécie de testemunho que vai ao forno junto com as peças a serem queimadas.

Por fim, vimos que os vidros são materiais cerâmicos de destaque – podem ser conformados por prensagem, estiramento, trefilação e sopro – e que as cerâmicas especiais compreendem um seleto grupo de materiais com propriedades óticas, magnéticas e elétricas singulares, como os termistores, varistores e supercondutores.

Atividades de autoavaliação

1. Considere as seguintes sentenças em relação ao processamento, ao comportamento e às aplicações de materiais cerâmicos e em seguida assinale falso (F) ou verdadeiro (V).

    ( ) As cerâmicas avançadas de alta tecnologia utilizam matérias-primas mais puras e têm processamento e microestrutura mais controlados, propriedades superiores e preços mais altos do que as cerâmicas tradicionais.

    ( ) A porosidade residual no produto cerâmico influi fortemente no seu desempenho mecânico, pois os poros reduzem a área efetiva de resistência e atuam como pontos de concentração de tensão.

    ( ) As temperaturas de queima das cerâmicas tradicionais são, em geral, mais altas do que as temperaturas de sinterização das cerâmicas avançadas.

    ( ) As cerâmicas tradicionais normalmente apresentam menor fração volumétrica de porosidade do que as cerâmicas avançadas.

    ( ) A presença de fase vítrea ou amorfa é mais frequente em uma cerâmica tradicional do que em uma cerâmica avançada.

    Agora, assinale a alternativa que contém a sequência correta.

    a) V, V, F, F, V.
    b) F, V, F, V, F.
    c) V, F, V, F, V.
    d) V, V, V, F, V.
    e) V, F, V, V, F.

2. Analise se as afirmações a seguir são verdadeiras (V) ou falsas (F).

( ) A microestrutura das cerâmicas tradicionais, como tijolos, telhas, azulejos e sanitários, é constituída de fases cristalinas, fases vítreas (amorfas) e de poros.

( ) No processo de queima, a presença da fase vítrea pouco contribui para o ganho de resistência mecânica.

( ) As cerâmicas de óxido de alumínio, de carboneto de titânio (TiC) e de nitreto de titânio (TiN) são muito usadas como ferramentas de corte.

( ) A força motriz do processo de sinterização é a redução da área superficial total.

( ) Nos fornos contínuos, a carga ou a fonte de calor pode se mover ao longo do forno.

Agora, assinale a alternativa que contém a sequência correta.

a) V, V, F, V, V.
b) F, F, V, V, V.
c) V, V, V, F, V.
d) F, V, V, V, F.
e) V, F, V, V, V.

3. Analise as seguintes afirmações sobre os materiais cerâmicos:

I. Os pirômetros de cone são largamente utilizados, pois fornecem um valor acurado de temperatura durante a queima dos materiais cerâmicos.

II. Qualquer termopar pode ser usado para medição de temperatura de queima, pois apresenta elevada sensibilidade e resistência a atmosferas corrosivas.

III. Varistores, termistores e supercondutores são exemplos de aplicação em cerâmicas avançadas.
IV. Varistores são dispositivos que apresentam comportamento condutor em baixas tensões e comportamento resistivo acima de certo valor de tensão, conhecido como *tensão de ruptura*.
V. O nitreto de alumínio tem diversas aplicações tecnológicas, entre elas como substrato dos circuitos integrados, pois apresenta comportamento isolante e ao mesmo tempo é um bom condutor de calor.
VI. Supercondutores cerâmicos à temperatura ambiente são utilizados em superprocessadores.

Agora assinale a opção que contém as repostas corretas:
a) I, II, III, IV e V.
b) I, II, III e IV.
c) I, II, IV, V e VI.
d) I, III e V.
e) III e V.

4. Considere as seguintes afirmações sobre os materiais vítreos:
   I. O vidro pode ser definido como um líquido sub-resfriado, rígido, sem ponto de fusão definido, com uma viscosidade suficientemente elevada (maior que 1.013 P) para impedir a cristalização.
   II. O vidro é o resultado da união de sais inorgânicos não voláteis provenientes da decomposição e da fusão de compostos alcalinos e alcalinoterrosos, de areia e de

outras substâncias, formando um produto final com uma estrutura molecular ao acaso.
III. O vidro sempre apresenta estrutura desordenada a longo alcance (amorfa).
IV. O vidro é um sólido não cristalino que apresenta o fenômeno de transição vítrea.
V. A temperatura de transição alotrópica (Tg) é uma temperatura característica para os vidros, que define a passagem do estado vítreo para o estado viscoelástico, por meio da chamada *relaxação estrutural*.

Agora assinale a opção que contém as repostas corretas:
a) I, II, III, IV e V.
b) I, II, III e IV.
c) I, II, IV e V.
d) I, III e V.
e) III e V.

5. Analise se as afirmações a seguir são verdadeiras (V) ou falsas (F):
( ) O vidro é um material caracterizado por apresentar estrutura aleatória dos átomos, com desordem a longo alcance.
( ) A bauxita é uma matéria-prima sintética usada para produzir os vidros soda-cal, como o vidro de janela.
( ) Quando se necessita incorporar óxidos fundentes ao vidro, pode-se usar o feldspato, uma matéria-prima natural.
( ) O processo de têmpera térmica e têmpera química são usados para se incorporar resistência mecânica aos vidros.

( ) O dióxido de silício e o óxido de alumínio são considerados óxidos formadores de vidros.
( ) São exemplos de conformação de vidros os processos de trefilação, prensagem e extrusão.

Agora, marque a alternativa que contém a sequência correta.

a) V, V, F, V, V, F.
b) F, F, V, V, V, V.
c) V, F, V, V, F, F.
d) V, V, V, V, F, F.
e) V, F, V, V, F, V.

6. Analise se as afirmações a seguir são verdadeiras (V) ou falsas (F).
( ) Óxidos fundentes, como o óxido de sódio e o óxido de lítio, são usados em vidros com o intuito de reduzir a temperatura de fusão, minimizando custos durante a produção.
( ) Após o processo de conformação dos vidros, é necessário um tratamento térmico para o alívio de tensões, chamado de *recozimento*.
( ) Para se aportar o óxido de sódio na composição de vidros, pode-se usar a dolomita como matéria-prima.
( ) O fluxograma de fabricação de vidros planos segue as etapas: estoque de matérias-primas > moagem > dosagem > fusão > resfriamento em água (*quenching*) > moagem da frita > conformação > classificação > estoque.
( ) O sopro é um processo de conformação muito usado na fabricação de potes e garrafas.

( ) A conformação de vidros só pode acontecer em determinada faixa de temperatura em razão da diminuição da sua densidade.

( ) Os materiais vítreos encontrados nos laboratórios de química são fabricados a partir de vidros de chumbo, devido à baixa expansão térmica e à alta estabilidade química.

Agora, marque a alternativa que contém a sequência correta.

a) V, V, F, V, V, F, F.
b) V, V, F, F, V, F, F.
c) V, V, V, F, V, F, V.
d) F, V, V, V, F, F, V.
e) V, F, V, V, V, F, F.

Atividades de aprendizagem
Questões para reflexão

1. Agora que já tivemos um panorama dos diferentes tipos de materiais cerâmicos, reflita sobre as diferenças de matéria-prima, de processamento e de propriedades fundamentais entre as cerâmicas tradicionais e as cerâmicas especiais.

2. O processo de queima é um marco para o ganho de resistência mecânica entre as cerâmicas ditas *verdes* e as *queimadas*. Após a queima, apresentam-se as propriedades fundamentais dos materiais cerâmicos. Quais são os principais mecanismos de aumento da resistência mecânica no nível microestrutural?

Atividade aplicada: prática

1. Entre as cerâmicas avançadas, podemos encontrar materiais semicondutores, materiais com propriedades óticas, elétricas, magnéticas singulares e também alguns materiais avançados com aplicação estrutural, como cerâmicas para aplicações biomédicas, como ferramentas de corte, como matrizes para extrusão e fundição, como rotores para motor turbo, mancais, pistões, bicos de queimadores, entre outros. Escolha alguma cerâmica especial e explique qual(is) propriedade(s) singular(es) tornam esse material único.

Considerações finais

Chegamos ao fim deste livro e, assim, podemos conhecer o vasto universo dos materiais que nos rodeiam. Embora tenhamos visto uma grande variedade de tipos de polímeros e cerâmicas, existem tantos outros que não pudemos explorar. A certeza que fica é que, ao compreendermos os fundamentos desses materiais, estaremos aptos a ampliar nossa visão e a absorver as informações sobre novos materiais com mais facilidade.

Nesse amplo universo, também existem aqueles materiais que ainda estão em fase de laboratório e que muito em breve serão processados na indústria. Serão novas aplicações para polímeros tradicionais, novos polímeros para aplicações tecnológicas, materiais compósitos (que reúnem as vantagens de cada material e das cerâmicas supercondutoras). Vasto é o campo de pesquisa e tantas novidades vêm surgindo na era da informação e dos dispositivos miniaturizados.

Para finalizar, nesta obra visualizamos um pouco sobre estrutura, propriedades, processamento e aplicações de materiais poliméricos e materiais cerâmicos, com o intuito de fornecer uma base para a compreensão de cada tipo de material. Agora, cabe a você continuar seu aperfeiçoamento nos conhecimentos da ciência dos materiais. Que sigamos aprendendo sempre!

Referências

ABCERAM – Associação Brasileira de Cerâmica. **Informações técnicas**: processos de fabricação. Disponível em: <https://abceram.org.br/processo-de-fabricacao/>. Acesso em: 2 jul. 2020.

ABIPLAST – Associação Brasileira da Indústria do Plástico. **Perfil 2018**: Indústria Brasileira de Transformação e Reciclagem de Material Plástico. Disponível em: <http://www.abiplast.org.br/wp-content/uploads/2019/08/perfil-2018-web.pdf>. Acesso em: 2 jul. 2020.

ABNT – Associação Brasileira de Normas Técnicas. **NBR 13230**: Embalagens e acondicionamento plásticos recicláveis - Identificação e simbologia. Rio de Janeiro, 2008.

ADAMIAN, R. **Novos materiais tecnologia e aspectos econômicos**. Rio de Janeiro: COPPE/UFRJ, 2008.

AFINKO. **Bioplásticos**: entenda de uma vez por todas!, 4 jun. 2018. Disponível em: <https://afinkopolimeros.com.br/bioplasticos-entenda-de-uma-vez-por-todas/>. Acesso em: 2 jul. 2020.

AKCELRUD, L. **Fundamentos da ciência dos polímeros**. Barueri: Manole, 2007.

ALUTAL. **O que é um termopar? Qual sua importância na indústria?**. Disponível em: <https://www.alutal.com.br/br/termopar>. Acesso em: 2 jul. 2020.

ALVES, L. M. **Materiais cerâmicos**: uma abordagem moderna. Ponta Grossa: [s.n.], 2013.

ANDRADE, L. A. **Barracão de barro**: cerâmica. 2. ed. Uberaba: Vitória, 1995.

BLASS, A. **Processamento de polímeros**. Florianópolis: Ed. da UFSC, 1985.

BRADNEY, L. et al. Particulate Plastics as a Vector for Toxic Trace-Element uptake by Aquatic and Terrestrial Organisms and Human Health Risk. **Environment International**, v. 131, Oct. 2019. Disponível em: <https://doi.org/10.1016/j.envint.2019.104937>. Acesso em: 2 jul. 2020.

BRITO, G. F. et al. Biopolímeros, polímeros biodegradáveis e polímeros verdes. **Revista Eletrônica de Materiais e Processos**, v. 2, p. 127-139, 2011.

CALLISTER, W. D. **Ciência e engenharia de materiais**: uma introdução. 5. ed. Rio de Janeiro: LTC, 2000.

CANEVAROLO JR., S. V. **Ciência dos polímeros**: um texto básico para tecnólogos e engenheiros. 2. ed. rev. São Paulo: Artliber, 2002.

CANOTILHO, M. H. P. C. **Processos de cozedura em cerâmica**. Bragança: Instituto Politécnico de Bragança, 2003.

CICLO VIVO. **PL que proíbe microplásticos em cosméticos é aprovado por comissão**, 28 jun. 2019. Disponível em: <https://ciclovivo.com.br/inovacao/negocios/pl-proibe-microplasticos-cosmeticos-aprovado-comissao/>. Acesso em: 2 jul. 2020.

CLAVELARIO, R. F. **Processamento de elastômeros na fabricação de pneumáticos**. Trabalho de Conclusão de Curso (Tecnólogo em Produção Industrial de Polímeros) – Centro Universitário Estadual da Zona Oeste, Rio de Janeiro, 2012.

COLTRO, L.; GASPARINO, B. F.; QUEIROZ, G. D. C. Reciclagem de materiais plásticos: a importância da identificação correta. **Polímeros: Ciência e Tecnologia**, v. 18, n. 2, p. 119-125, 2008.

COMISSO, T. B.; LIMA, C. A. S. DE; CARVALHO, B. DE M. Estudo experimental do processo de rotomoldagem de PELBD: efeitos sobre a morfologia e estabilidade dimensional. **Polímeros**, v. 23, n. 1, p. 97-107, 2013.

EERKES-MEDRANO, D.; LESLIE, H. A.; QUINN, B. Microplastics in Drinking Water: a Review and Assessment. **Current Opinion in Environmental Science & Health**, v. 7, p. 69-75, Feb. 2019. Disponível em: <https://doi.org/10.1016/j.coesh.2018.12.001>. Acesso em: 2 jul. 2020.

FOLLMANN, A. J. et al. Degradação de sacolas plásticas convencionais e oxibiodegradáveis. **Ciência e Natura**, v. 39, n. 1, p. 187, 2017.

FRANCHETTI, S. M. M.; MARCONATO, J. C. Polímeros biodegradáveis; uma solução parcial para diminuir a quantidade dos resíduos plásticos. **Química Nova**, v. 29, n. 4, p. 811-816, 2006.

GOMES, D. de M. **Estudo dos mecanismos de relaxações dielétrica e mecânica na borracha natural**. Dissertação (Mestrado em Engenharia e Ciência dos Materiais) – Universidade Federal do Paraná, Curitiba, 2008.

GOMES, M. M. Introdução à vulcanização. **Rubberpedia**. Disponível em: <http://www.rubberpedia.com/vulcanizacao/vulcanizacao.php>. Acesso em: 2 jul. 2020.

GUERRANTI, C. et al. Microplastics in Cosmetics: Environmental Issues and Needs for Global Bans. **Environmental Toxicology and Pharmacology**, v. 68, p. 75-79, May 2019.

HARADA, J. **Moldes para injeção de termoplásticos**: projetos e princípios básicos. São Paulo: Artliber, 2004.

IBT Plásticos. **Processos de termoformagem**. Disponível em: <http://www.ibtplasticos.ind.br/processo-de-termoformagem>. Acesso em: 2 jul. 2020.

INNOVA. **Manual de extrusão**. Disponível em: <http://www.innova.com.br/arquivos/documentos/relatorio/artigo/56785d393bb51.pdf>. Acesso em: 2 jul. 2020.

KOSUTH, M.; MASON, S. A.; WATTENBERG, E. V. Anthropogenic Contamination of Tap Water, Beer, and Sea Salt. **PLoS ONE**, v. 13, n. 4, p. 1-18, 2018.

LASKAR, N.; KUMAR, U. Plastics and Microplastics: a Threat to Environment. **Environmental Technology & Innovation**, v. 14, Mar. 2019.

LEAL, A. S. C.; ARAÚJO, C. J. DE; SILVA, S. M. L. Efeito do tipo de agente de cura, do tratamento de cura e de argila organofílica nas propriedades térmicas de resina epóxi. **Revista Eletrônica de Materiais e Processos**, v. 3, p. 34-41, 2010.

LEONEL, R. F. et al. Characterization of Soil-Cement Bricks with Incorporation of used Foundry Sand. **Cerâmica**, v. 63, p. 329-335, 2017.

LUZ, A. B. et al. Argila – Caulim. 2008. In: CETEM – Centro de Tecnologia Mineral. **Rochas e Minerais Industriais**. 2. ed. Brasília: MCTI/Cetem, 2008. p. 255-294. Disponível em: <http://mineralis.cetem.gov.br/bitstream/cetem/1101/1/12%20CAULIMmar%C3%A7o%20Revisado%20B%20ertolino%20e%20Scorzelli.pdf>. Acesso em: 2 jul. 2020.

MANO, E. B. **Polímeros como materiais de engenharia**. São Paulo: Blucher, 1991.

MANO, E. B.; PACHECO, É. B. A. V.; BONELLI, C. M. C. **Meio ambiente, poluição e reciclagem**. São Paulo: Blucher, 2005.

MOLISANI, A. L. Processamento, propriedades e aplicações das cerâmicas de nitreto de alumínio. **Cerâmica**, v. 63, n. 368, p. 455-469, 2017.inserir referência MPM…

MPM VIDROS E BOX. **A história do vidro**, 10 abr. 2015. Disponível em: <http://www.mpmvidros.com.br/historia-do-vidro/>. Acesso em: 2 jul. 2020.

NORTON, F. H. **Introdução à tecnologia cerâmica**. São Paulo: Blucher, 1973.

OLIVATTO, G. P. et al. Microplásticos: contaminantes de preocupação global no antropoceno. **Revista Virtual de Química**, v. 10, n. 6, 2018.

OTTERBACH, J. C. H. Processo de transformação de plásticos por extrusão de filmes tubulares. **Dossiê técnico**, p. 1-29, ago. 2011.

RABELLO, M. **Aditivação de polímeros**. São Paulo: Artliber, 2000.

RESBRASIL. **RES d2w™ biodegradável**. Disponível em: <http://www.resbrasil.com.br/embalagens-plasticas-inteligentes/res-d2w-biodegradavel/>. Acesso em: 2 jul. 2020.

RODA, D. T. **Rotomoldagem**. Disponível em: <https://www.tudosobreplasticos.com/processo/rotomoldagem.asp>. Acesso em: 2 jul. 2020a.

RODA, D. T. **Termoformagem**. Disponível em: <https://www.tudosobreplasticos.com/processo/termoformagem.asp>. Acesso em: 2 jul. 2020b.

RODOLFO JUNIOR, A.; NUNES, L. R.; ORMANJI, W. **Tecnologia do PVC**. 2. ed. São Paulo: ProEditores/Braskem, 2006.

SANTANA, D. L. et al. Zeólita A sintetizada a partir de rejeitos do processo de beneficiamento de caulim. **Cerâmica**, São Paulo, v. 58, n. 346, p. 238-243, abr./jun. 2012. Disponível em: <http://www.scielo.br/scielo.php?script=sci_arttext&pid=S0366-69132012000200015&lang=pt%5Cnhttp://www.scielo.br/pdf/ce/v58n346/v58n346a15.pdf>. Acesso em: 2 jul. 2020.

SANTOS, P. de S. **Ciência e tecnologia de argilas**. 2. ed. São Paulo: Blucher, 1992.

SASTRI, V. R. High-Temperature Engineering Thermoplastics: Polysulfones, Polyimides, Polysulfides, Polyketones, Liquid Crystalline Polymers, and Fluoropolymers. In: SASTRI, V. R. **Plastics in Medical Devices**: Properties, Requirements, and Applications. Amsterdã: Elsevier, 2010. p. 175-215. Disponível em: <https://www.sciencedirect.com/science/article/pii/B978081552027610008X>. Acesso em: 2 jul. 2020.

SHACKELFORD, J. F. **Introdução à ciência dos materiais para engenheiros**. 6. ed. São Paulo: Pearson Prentice Hall, 2008.

SILAEX QUÍMICA. **Resinas Epóxi**. 2017. Disponível em: <https://silaex.ind.br/resinas-epoxi>. Acesso em: 2 jul. 2020.

THAMARAISELVI, T.; RAJESWARI, S. Biological Evaluation of Bioceramic Materials: a Review. **Carbon**, v. 24, n. 31, p. 172, 2004.

UEKI, M. M.; PISANU, L. Fundamentos do processo de rotomoldagem. **Revista Ferramental**, ano 3, n. 13, jul./ago. 2007. Disponível em: <http://moldesinjecaoplasticos.com.br/fundamentos-do-processo-de-rotomoldagem/>. Acesso em: 2 jul. 2020.

VARGAS, M. **Introdução à mecânica dos solos**. São Paulo: McGraw-Hill, 1977.

WIEBECK, H.; HARADA, J. **Plásticos de engenharia**: tecnologia e aplicações. São Paulo: Artliber, 2005.

Bibliografia comentada

BLASS, A. **Processamento de polímeros**. Florianópolis: Ed. da UFSC, 1985.

As ilustrações dessa obra são bastante ricas em detalhes e ainda não há literatura em português que as substitua. Os capítulos introdutórios tratam de conceitos e famílias poliméricas, e os capítulos subsequentes abordam operações de processamento de termofixos (moldagem por compressão e por transferência) e de termoplásticos (injeção, extrusão, sopro e termoformagem) com riqueza de detalhes. Além disso, há um capítulo sobre materiais compósitos reforçados com fibras.

BRITO, G. F. et al. Biopolímeros, polímeros biodegradáveis e polímeros verdes. **Revista Eletrônica de Materiais e Processos**, v. 2, p. 127-139, 2011. Disponível em: <http://www2.ufcg.edu.br/revista-remap/index.php/REMAP/article/download/222/204>. Acesso em: 2 jul. 2020.

Para se aprofundar na questão da biodegradabilidade e da sustentabilidade na cadeia polimérica, esse artigo apresenta diversos polímeros com menor impacto ambiental, como aqueles obtidos de fontes vegetais e os biodegradáveis.

CALLISTER, W. D. **Ciência e engenharia de materiais**: uma introdução. 5. ed. Rio de Janeiro: LTC, 2000.

Esse é o livro-texto mais utilizado pelos cursos de graduação das engenharias quando o assunto é ciência dos materiais. Apresenta um grande apanhado das três classes de materiais – poliméricos, cerâmicos e metálicos –, com estrutura, processamento e aplicações, além de estudos de casos e exercícios.

CANEVAROLO JR., S. V. **Ciência dos polímeros**: um texto básico para tecnólogos e engenheiros. 2. ed. rev. São Paulo: Artliber, 2002.

Esse livro trata da ciência dos materiais plásticos de maneira direta, mas com profundidade. Em seus oito capítulos, são explanadas as relações entre estrutura, métodos de síntese e propriedades. É um livro básico da área e de grande relevância.

FRANCHETTI, S. M. M.; MARCONATO, J. C. Polímeros biodegradáveis: uma solução parcial para diminuir a quantidade dos resíduos plásticos. **Química Nova**, v. 29, n. 4, p. 811-816, 2006. Disponível em: <http://www.scielo.br/scielo.php?script=sci_arttext&pid=S0100-40422006000400031>. Acesso em: 2 jul. 2020.

Esse artigo trata dos bioplásticos, também chamados de *polímeros verdes*, e quais as rotas possíveis para a sua biodegradação, como a hidrólise e a oxidação biológica.

HARADA, J. **Moldes para injeção de termoplásticos**: projetos e princípios básicos. São Paulo: Artliber, 2004.

De maneira bastante clara, o autor trata com profundidade dos aspectos técnicos e práticos relativos ao projeto e à confecção de moldes para injeção. Também são abordados alguns problemas comuns na moldagem e o modo de solucioná-los.

RABELLO, M. **Aditivação de polímeros**. São Paulo: Artliber, 2000.

Esse livro parte de um entendimento prévio da ciência de polímeros e trata em profundidade das classes de aditivos e do modo de atuação de cada um, conforme a natureza do polímero, os efeitos sinérgicos e antagônicos e as implicações práticas na sua utilização. São abordados estabilizantes, plastificantes, lubrificantes, antiestáticos, retardantes de chama, agentes reticulantes, pigmentos, agentes nucleantes, cargas, espumantes e modificadores de impacto, além do modo de incorporação desses aditivos no material polimérico.

SANTOS, P. de S. **Ciência e tecnologia de argilas**. São Paulo: Blucher, 1989. 2 v.

Essa obra é uma referência no estudo das argilas brasileiras. Em dois volumes, traz informações sobre os depósitos brasileiros e sobre diversas aplicações específicas das argilas, assim como os métodos de caracterização empregados.

SHACKELFORD, J. F. **Introdução à ciência dos materiais para engenheiros**. 6. ed. São Paulo: Pearson Prentice Hall, 2008.

Esse livro trata dos materiais poliméricos, metálicos e cerâmicos de maneira bastante didática. É uma sugestão para quem deseja se aprofundar no estudo dos materiais cerâmicos, na falta de literatura mais específica.

TYREE, C.; MORRISON, D. Invisíveis: o plástico dentro de nós. **ORB**. Disponível em: <https://orbmedia.org/stories/Invis%C3%ADveis_pl%C3%A1stico/multimedia>. Acesso em: 2 jul. 2020.

Reportagem investigativa bastante abrangente realizada por correspondentes em diversas partes do globo. Eles traçam um panorama da contaminação por microplásticos e suas possíveis consequências para a sociedade.

Respostas

Capítulo 1

Atividades de autoavaliação

1. d
2. e
3. c
4. e
5. b

Atividades de aprendizagem

Questões para reflexão

1. Podemos ter atitudes mais sustentáveis, como reduzir o consumo de plásticos descartáveis e priorizar o reuso, além de destinar corretamente os materiais para reciclagem.

2. Algumas estratégias são: adicionar fibras como reforço da estrutura e procurar copolímeros de elevada resistência mecânica e estabilidade térmica.

Capítulo 2

Atividades de autoavaliação

1. c
2. a
3. b

4. d

5. c

6. b

Atividades de aprendizagem

Questões para reflexão

1. A extrusão pode ser a **etapa intermediária** quando é utilizada para fazer o *blend* das resinas com aditivos ou para homogeneizar material proveniente da reciclagem, ou quando há uma etapa posterior de sopro. A extrusão é a **etapa final** na confecção de tubos, perfis e mangueiras.

2. A espumação é utilizada principalmente em materiais para isolamento térmico e acústico e para absorção de impacto, pois a incorporação de bolhas de ar cria uma camada de isolamento de baixa densidade.

Capítulo 3

Atividades de autoavaliação

1. d

2. e

3. d

4. c

5. c

6. e

7. c

Atividades de aprendizagem

Questões para reflexão

1. Ao se avaliar o número de cavidades do molde, dois pontos são importantes: o volume esperado de produção e o prazo de entrega.

2. O uso de molde aquecido favorece a cristalização do polímero. Para obtenção de PET amorfo, com elevado grau de transparência, o molde não deve ser aquecido. Com certeza, as temperaturas de processamento do PET são menores que as de processamento do PPS, um polímero com elevado ponto de fusão.

Capítulo 4

Atividades de autoavaliação

1. e
2. c
3. a
4. d
5. a

Atividades de aprendizagem

Questões para reflexão

1. A variável de controle é a temperatura. Para diminuir empenamentos, deve-se diminuir a taxa de resfriamento.

2. A seguir, vejamos os pontos positivos e negativos dos processos de extrusão, injeção, termoformagem e rotomoldagem.

Processo	Vantagens	Desvantagens
Extrusão	Obtenção de produtos contínuos e grande produtividade. Sopro: obtenção de filmes de pequena espessura.	Obtenção de produtos com geometria simples. Alto custo inicial com ferramental.
Injeção	Obtenção de produtos com riqueza de detalhes e ótimo acabamento. Pode ser configurada para alta produtividade.	Alto custo inicial com ferramental. A produtividade depende da capacidade da injetora e do número de cavidades no molde.
Termoformagem	Baixo custo de ferramental. Obtenção de produtos de pequenas até grandes dimensões.	Obtenção de produtos com geometria simples.
Rotomoldagem	Obtenção de peças ocas, geralmente de grandes dimensões, com riqueza de detalhes e ótimo acabamento.	Baixa produtividade. Matéria-prima de custo elevado.

Capítulo 5

Atividades de autoavaliação

1. c

2. a

3. d

4. b

5. c

6. e

7. d

Atividades de aprendizagem

Questões para reflexão

1. A elevada temperatura e a baixa ductilidade são os maiores limitantes das cerâmicas, quando comparamos os métodos de conformação destas com outros materiais, como polímeros e metais, que são normalmente aquecidos até acima de seu ponto de fusão e/ou são conformados mecanicamente por pressão.

2. A matéria-prima da cerâmica vermelha é uma argila, muitas vezes, com elevado teor de impurezas. Já a cerâmica branca deve ser beneficiada para alcançar a cor branca. Esta é conformada por torneamento de massa plástica e colagem de barbotina principalmente; a cerâmica vermelha é basicamente extrudada.

Capítulo 6

Atividades de autoavaliação

1. a
2. e
3. e
4. a
5. c
6. b

Atividades de aprendizagem

Questões para reflexão

1. As matérias-primas das cerâmicas avançadas são, em geral, óxidos de elevada pureza, obtidos por reações de síntese em laboratório. Seu processamento frequentemente é por prensagem isostática, e suas propriedades de interesse vão além das propriedades mecânicas.

   As matérias-primas das cerâmicas tradicionais passam por um beneficiamento mais básico, apenas para controle de sua granulometria e das impurezas mais grosseiras. Seu processamento frequentemente é por extrusão, e são monitoradas apenas as propriedades mecânicas do produto final.

2. O ganho de resistência após a queima ocorre pela redução dos poros e pelo aumento de densidade por meio dos processos de vitrificação e/ou sinterização.

Sobre a autora

Raquel Folmann Leonel tem graduação em Engenharia de Materiais na Universidade Estadual de Ponta Grossa (UEPG). Trabalhou em uma siderúrgica multinacional por dois anos na área de projetos de extensão com universidades, nas áreas de reaproveitamento de resíduos e de produção mais limpa. Após uma crise no setor, migrou para a carreira acadêmica e concluiu mestrado em Ciência e Engenharia de Materiais na Universidade do Estado de Santa Catarina (Udesc), período em que pesquisou sobre a reutilização da areia descartada de fundição em materiais para a construção civil. É doutora pela Universidade Federal do Paraná (UFPR), com projeto que trata da reutilização de catalisadores desativados da indústria petroquímica por processos de remediação eletrocinética. Cursou *Design* em Sustentabilidade pela Fundação Gaia para conciliar a sustentabilidade com temas da engenharia, como o reaproveitamento de resíduos e a reutilização de materiais. Atualmente, dedica-se a escrever obras didáticas e à tarefa de ser mãe.

Os papéis utilizados neste livro, certificados por instituições ambientais competentes, são recicláveis, provenientes de fontes renováveis e, portanto, um meio **respons**ável e natural de informação e conhecimento.

Impressão: Reproset
Agosto/2020